とことん
カラス

BIRDER 編集部 編

はじめに

カラスってどんな鳥？
ゴミを荒らし、人を襲う鳥。
そんな悪いイメージで誤解されがちな鳥です。
たしかにそういう一面もありますが、それは訳あってのこと。
人間社会の中でかしこく生きている、知能の高い鳥です。
かしこさゆえにさまざまな行動が見られ、たまに世間をざわつかせます。
ときには世界を驚かせることも。
カラスは、身のまわりでかんたんに興味深い観察ができる野生動物。
やみつきになる楽しさを、
「カラス屋」のみなさんと一緒にとことんお伝えします！

2023 年 カラスの日（9 月 6 日＝黒＝Crow）
BIRDER 編集部一同

誌面の 2 次元コードをスマートフォンなどで読み込むと、動画や音声を楽しめます。

contents

はじめに ……… 2

Buto ハシブトガラス (清水哲朗) ……… 4

Boso ハシボソガラス (宮本桂) ……… 14

今さら聞けない……
カラスってどんな鳥 (BIRDER) ……… 22

じっくり観察してみよう!
カラスの羽の秘密 (ピエール☆ヤギ) ……… 26

ブトとボソだけじゃない、
国内で見られるそのほかのカラスたち (BIRDER) ……… 32

世界の"黒いカラス"たち (松村伸夫) ……… 34

じつはカラスのなかまです (BIRDER) ……… 38

1年のくらし (松原始) ……… 42

朝から晩までカラス漬け
街のカラスの1日をのぞいてみよう! (松原始) ……… 46

あなたの知らない? カラスの衣食住 (BIRDER) ……… 54

カラス、なぜ鳴くの? (塚原直樹) ……… 62

カラスはかしこい! かしこい? (柴田佳秀) ……… 64

カラスはいったい、どれくらいかしこいのか (杉田昭栄) ……… 80

カラスが不吉な鳥になった理由 (細川博昭) ……… 86

カラスとの共存をめざして (塚原直樹) ……… 90

カラスと人の理想的なつき合い方とは (中村眞樹子) ……… 92

カラスにまつわる都市伝説 (柴田佳秀) ……… 96

カラスの撮り方、教えます (清水哲朗) ……… 100

カラスのSOS対応Q&A (ピエール☆ヤギ) ……… 106

カラスの羽ペンの作り方 (BIRDER) ……… 110

神社で見られるカラスたち (BIRDER) ……… 116

カラス屋のイチオシ! カラスグッズ (BIRDER) ……… 120

カラスファンのためのブックガイド ……… 122

執筆者プロフィール・参考文献 ……… 126

© 清水哲朗

Buto
ハシブトガラス

写真◎清水哲朗

空気の澄んだ冬の朝、街と夜明けのグラデーションを絡めた　12月　東京都新宿区

（上）色とりどりの看板を背景に
高感度・高速連写で飛翔シーン
を狙う　12月　東京都渋谷区

（左）街なかに違和感なく溶けこ
むカラスの存在感　6月　東京
都渋谷区

（右）歩道橋で不思議そうに頸を傾
げたり、羽づくろいしたりしていた
9月　東京都渋谷区

（左ページ上）吐く息が白く見えた
冬の夕方。カラスの体温は 40 〜
42℃　1 月　東京都渋谷区

（左ページ左下）雨が雪に変わった
夕方、車のヘッドライトに浮かぶカ
ラス　1 月　東京都渋谷区

（左ページ右下）雨の日は繁華街へ
来るカラスが激減するが、元気な個
体もいる　3 月　東京都渋谷区

（右上）育ち盛りのひなの
給餌は忙しい。親鳥はフン
を口に入れ、また採餌へ向
かう　5 月　東京都台東区

（下）巣の外にフンを落と
せるようになれば巣立ちも
近い　5 月　埼玉県川口市

カラフルな看板を背景にクールでスタイリッシュなポートレートを狙う　4月　東京都渋谷区

動物園での餌やり時間、肉を失敬　12月
東京都台東区

「風乗り遊び」から「避雷針
の先、争奪戦」に変わった強
風の日　2月　東京都渋谷区

雨の夜、スカイツリーを背景にひなを濡らさないよう
に温め続ける親ガラス　４月　東京都台東区

ねぐら入り前に集合するカラスと重ねた、月齢 12.3 の月　東京都渋谷区

Boso
ハシボソガラス

写真◎宮本 桂

※撮影地はすべて三重県津市

波打ち際に着地する群れ　2月

電線にとまるために羽ばたいて上昇　4月

片足でホッピングして移動　9月

潮の引いた砂浜でバカガイをくわえて飛び出す　4月

ペアと思われる2羽が漂着した木の上でたたずむ　3月

魚をくわえて水路の上を飛ぶ　11月

鳴きながら低速で飛ぶ　5月

換羽期で、随所に生え換わった羽が見られる　9月

雪を掘り返して顔を上げる　1月

雪の中で追いかけ行動をする群れ　1月

群れで採食場所付近の電線にとまる　1月

今さら聞けない……
カラスってどんな鳥？

｜文・写真・動画｜BIRDER

全長50〜60cmで黒っぽい羽色。市街地から山地まで幅広い環境に生息。雑食性で、木の実や昆虫から小動物、ゴミや死骸までさまざまな食べ物を食べる。猛禽類ではないが、ときに小鳥やハトを捕食することもある。鳴き声はあまりきれいではない。知能が高く、ものごとの前後関係を理解し、工夫もする。知能が高いゆえに、よい意味でビビりな性格。用心深く、常に周囲をよく観察している。危機を感じると動きがとまり、危険と判断すると回避行動に移る。人間の視線をよく見ていて、目が合うと警戒する。

なだらか

ハシブトガラスに
比べると細め

ハシボソガラス
Corvus corone
英名：Carrion Crow
全長：50cm

嘴が細めで、上嘴から頭頂にかけてのラインがなだらか。農耕地など開けた環境を好み、おもに地上で行動する。食べ物を探しながら、ひょこひょこ歩く（ウォーキング）。バードウォッチャーから「ボソ」の略称で呼ばれる。

あまりにも身近な存在なので、きちんと見ていない……カラスはそんな鳥の代表格だろう。国内で確認されているカラス科カラス属の鳥は6種。まずは一年中身のまわりで見られる2種のカラス、ハシボソガラスとハシブトガラスの違いを紹介し、徹底的に比較する。「カラスという名のカラスはいない」と言えるカラス通になろう。

太くて下に
大きくカーブする

おでこのよう

ハシブトガラス
Corvus macrorhynchos
英名：Large-billed Crow
全長：57cm

ハシボソガラスよりひと回り大きい。嘴が太く、上嘴が湾曲している。額の羽毛を立てていることが多く、嘴から頭頂にかけて段差があることが多い。森林性の鳥で、林や高い建物を好む。樹上や人工物にとまることが多い。地上に降りているときは、ふつう跳ね歩いて移動する（ホッピング）。バードウォッチャーから「ブト」と呼ばれる。

亜種 オサハシブトガラス

ハシブトガラスには4つの亜種 * がある。身のまわりにいる亜種ハシブトガラスのほか、対馬にチョウセンハシブトガラス、奄美諸島から琉球諸島にリュウキュウハシブトガラス、八重山諸島にオサハシブトガラスが分布。オサハシブトガラスはほかの亜種に比べてずっと小さく、40cm 強しかない。

* 亜種…同種ながら形態などに違いがある地域個体群のこと

鳴き方、歩き方の違いに注目！

ボソとブトは、鳴き方や歩き方にも違いがある。
両種を見分けるためのポイントであり、行動を観察するうえでも覚えておきたい。

ボソ

ブト

おじぎをするように頭と体を上下させながら、ガァ、ガァと濁った声で鳴く。

体を水平にし、尾羽を上下させながら頭を前方に突き出すようにカァ、カァと澄んだ声で鳴く。

※ボソが澄んだ声で鳴くことはないが、ブトは興奮したときや威嚇するときなどに濁った声で鳴く

ホップ、ステップ、ジャンプ！？

ホッピングのほうが、すぐに飛び立つ姿勢をとることができる。森林性のブトは、地上に降りたときに用心するので、いつでも飛び立てるようにホッピングすると思われる。また地上を歩きながら食べ物を探すボソも、危険が迫ったと感じたときにはホッピングし、いつでも飛び立てるように備える。

通常、おもに地上で行動するボソはひょこひょこ歩き、ブトはぴょんぴょん跳ね歩く。ただ、ボソも急いで移動するときはホッピングするし、落ち着いているときはブトも歩くことがある。

飛び立つ寸前の伏せるような姿勢。地面を蹴って飛び立つ

カラスの眼をよく見ていると、きらきらした瞬きが見える。これは、眼を保護するため、瞬膜という白銀色のまぶたのようなものを頻繁に閉じ開きするもの。ヒトのまぶたの瞬きのように上下ではなく、目先から目の後ろへ水平に閉じ開きする。連続写真を撮影すると、白目をむいたようなカットが写るのは、このためである。

幼鳥の虹彩は青っぽく、口の中は淡紅色。アー、アーとかぼそい声で鳴きながら、親鳥が餌を運んでくるのを待つ。

ボソはねらいをつけて一気に嘴を振り下ろしたり、足で押さえながら何回も突いてどんぐりを割る

どんぐりでわかる⁉ 生き方の違い

虫が少なくなる秋冬は、ボソもブトもどんぐり（スダジイやマテバシイ）をよく食べる。ただ、両種の食べ方は大きく異なる。ボソは嘴が比較的細く、どんぐりを器用に割って食べることができる（p56）。これに対してブトは嘴が太く、下方に湾曲しており、思うようにどんぐりを割ることができない。そこでブトは、ボソが割ったどんぐりを横取りして食べる。ある意味、効率的な食べ方だ。

じっくり観察してみよう！
カラスの羽の秘密

| 文・図・写真｜ピエール☆ヤギ

「濡羽色（ぬればいろ）」は美しい艶のある黒色を指す。
カラスの美しい黒色の羽は、どのようにして生まれるのだろう。
羽の構造や仕組み、美しい黒色の謎を、独自に研究してきた
ピエール☆ヤギさんに聞いてみた。

風切羽の構造 ▶▶▶

　まずは、カラスの風切羽の構造について押さえておこう。鳥の全身は羽毛で覆われているが、中でも風切羽は飛翔のために特化した羽毛である。風切羽は紙のように軽く、それなのに非常に頑丈で折れにくい。その秘密はいったいどこにあるのだろう。風切羽は、中央の支柱となる羽軸から伸びる、毛髪よりも細い繊維が集まって羽弁（うべん）を形成している。こ

の細い繊維を羽枝（うし）という【写真1】。羽枝にはさらに微細な構造があるようだが、肉眼で観察できるのはこれが限界である。この部分を走査型電子顕微鏡（SEM）※（以降、SEM）で観察してみた。羽枝を拡大すると、さらに細かい構造が整然と並んでいる様子が見えてきた。これは小羽枝（しょううし）という風切羽を構成する最小構造だ。さらに拡大すると、小羽枝が約 30 μm（0.03mm）の間隔で、窓のブラインドのように重なっていることがわか

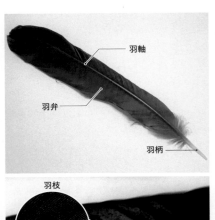

羽軸

羽弁

羽柄

羽枝

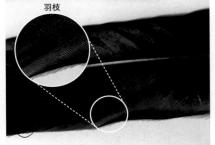

1—ハシブトガラスの風切羽（上）と拡大した写真（下）

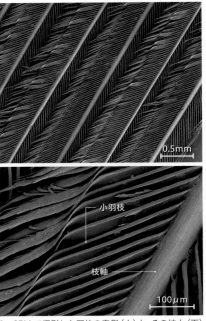

0.5mm

小羽枝

枝軸

100μm

2—SEMで撮影した羽枝の表側（上）と、その拡大（下）

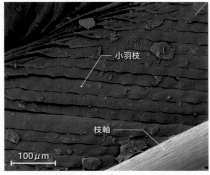

3—小羽枝の裏側は、窓のブラインドを閉じたような形状になっている

4—小羽枝を切断して SEM で観察してみた

る【写真2】。裏側はどうなっているのかというと、窓のブラインドを閉じたような形状になっている【写真3】。

【写真4】は、特殊な方法で小羽枝を切断し、断面を SEM で観察したものだ。小羽枝の表側は厚く、裏側に向かって回り込むように薄くなり、その先端が重なっている。このような形状になっている理由を、鳥が飛翔する際の翼の動きから考えてみよう。翼を振り上げたときに風を裏側へ逃がして空気抵抗を減らし、翼を振り下ろすと小羽枝は密着し、空気をつかむ構造になっていることが想像できる。

※走査型電子顕微鏡（SEM）とは、物質の表面を拡大できる電子顕微鏡である。

風切羽の軽さと強度 ▶▶▶

風切羽は大きさの割に軽く頑丈で、支柱をなす羽軸はかんたんに折れたりはしない。この羽軸はどんな構造になっているのか観察してみよう。羽軸を割った断面（白い部分）は、まるで発泡スチロールのようだ。さらに、同じ部分を拡大すると、蜂の巣のように規則的な穴が連なっている様子が見えてきた。このような多面体構造を組み合わせることによって、軽量でありながら強靭な羽軸を構成しているのだ。

鳥は空を飛ぶために自身の体重をなるべく軽くする必要があり、骨の重量は哺乳動物と比べて非常に軽いのが特徴だ。羽軸の内部が多面体構造なのは、内部にも空洞を作ることで少しでも軽くするためだろう。飛翔の際に上下運動を続ける両翼は特に軽量化が必要な部分であるため、風切羽は軽くなくてはならないのだ。

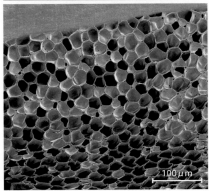

5—実体顕微鏡で見た、羽軸の割断面（上）。下は白い部分を SEM で拡大して観察したもの

6—雨に濡れるハシボソガラスの雌。頭や胸の羽毛は濡れているが、風切羽は雨粒が流れ落ちている

風切羽の撥水の秘密 ▶▶▶

　雨に打たれたこのハシボソガラス【写真6】は、頭から背中にかけてびっしょりと濡れている。羽毛の撥水性には限度があり、雨に打たれ続けると羽毛に水を含んでしまうのだが、よく見ると風切羽はまったく濡れず、雨水は丸い水滴となり流れ落ちている。風切羽は、鳥にとって最重要の羽毛だ。もし風切羽が濡れてしまったら、いよいよ飛ぶことが不可能になり、雨から体を覆う傘としての役割も果たせなくなる。そのため、撥水性がほかの羽毛よりも強力なのだ。この撥水性をどのように実現しているのか探ってみた。

　鳥は、尾脂腺と呼ばれる器官から出る脂を自らの羽毛に塗りつけて水を弾くのだが、それだけでは降り続く雨に耐えられない。試しに、風切羽をエタノールとアセトンで洗浄し、脂を完全に除去してみたが、水滴は洗浄前と全く変わらない球形を保っていた。つまりこれは、脂だけで水を弾いていたわけではないことを示している。それでは、脂以外の何で水を弾いているのかというと、表面の微細構造だ。【写真8】は、羽弁の断面図に水滴を

書き入れたものだ。風切羽表面の水滴は空気層に侵入できず、小羽枝（あるいは羽枝）の上に乗る。その結果、表面張力により水は球形になり、水滴は抵抗なく風切羽の上を転げ落ちるのだ。

7—ハシブトガラスの風切羽の羽弁に水滴を落としてみたら、丸くなり流れ落ちた

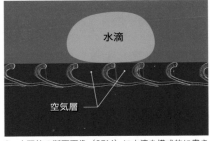

8—小羽枝の断面画像（SEM）に水滴を模式的に書き入れた図。実際の水滴はもっと大きい

28

黒さの秘密 ▶▶▶

　カラスの全身は黒い羽毛で覆われている。進化の過程で黒一色になる理由があったはずだが、それはさておき、今回はカラスの「黒色」を生み出す物質に注目してみよう。構造の解説ではSEMで風切羽の表面を見てきたが、今度は透過型電子顕微鏡（TEM）※（以降、TEM）で風切羽の内部を見てみよう。

　羽毛はケラチンというタンパク質で構成されており、これは人間の毛髪と同様である。羽毛の内部を拡大すると黒い粒子が見えてくるが、これがメラニン顆粒という黒色を生み出す色素だ。カラスに限らず、多くの鳥は羽毛にメラニン顆粒をもっていて、その組成や量によって灰、茶、黒などの色を羽毛に与える。ハトやスズメの茶色や灰色がいい例だろう。カラスの場合はこのメラニン顆粒を特に多く含むことで、全身が黒く見える。時々白いカラスが話題になることがあるが、あれはメラニン顆粒を生成する機能を欠いた突然変異である。白いカラスの風切羽を観察すると、

10—白化したハシブトガラスの風切羽

内部にはメラニン顆粒がまったくない。

　黒以外にも鳥の羽毛はさまざまな色彩をもっているが、それらの色をつくっている色素は主にメラニン（黒、茶、灰）、カロテノイド（黄、橙、赤）、ポルフィリン（赤紫）などで、色素の量や組合せ、分布によって色の濃淡や模様を生み出している。それに加えて緑や青の光沢を放つ鳥もいるが、これは色素によるものではなく、構造色という発色の原理によるものだ。

※透過型電子顕微鏡（TEM）とは、標本を薄くスライスして内部構造を観察する電子顕微鏡のこと。

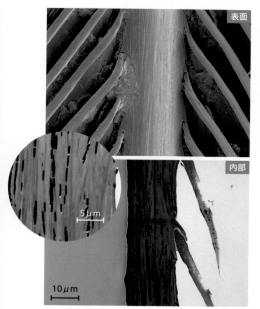

9—上が表面の拡大（SEM画像）、下が内部構造の拡大（TEM画像）

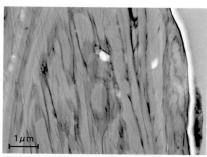

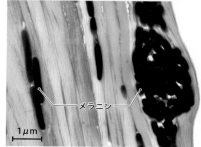

11—TEMで観察した、白い風切羽（上）と、黒い風切羽（下）。黒い羽にはメラニンがある

12—ハシブトガラス。写真でも青い光沢のある羽なのがわかる

青く輝くカラス ▶▶▶

　構造色とは、物質に入射した光が物質表面付近の微細構造によって散乱や回折、干渉することによって生じる色のことである。CDの裏側が虹色に光るのが身近な例だろう。青い羽の構造色は、小羽枝内部のメラニン顆粒の配列パターンによってさまざまな色を生み出すことが知られている。カラスの羽が青く見えるのもこのためだ。特にハシブトガラスの羽は、深みのある青紫色を見せるときがある。この現象を、ミクロの視点で観察してみよう。拡大鏡でハシブトガラスの風切羽を観察しているときに、ある方向から光を当てると小羽枝の先端部分が青く反射することに気が付いた。カラスの構造色の源は、おそらくこの部分だろう。冒頭で紹介した小羽枝の表面の拡大画像（SEMを使用）と比較すると、青く反射する部分は小羽枝がねじれて角度を変えた先の部分であることが確認できる。小

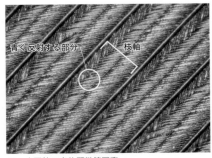

青く反射する部分　　枝軸

13—小羽枝の実体顕微鏡写真

青く見える部分

14—小羽枝の表面の拡大（SEMを使用）

青く反射する部分

根元の部分

図　小羽枝のねじれの部分

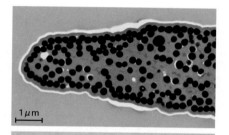

1μm

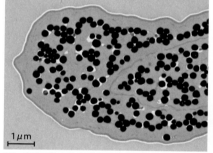

1μm

15—内部構造の拡大（TEM を使用）。上が小羽枝先端で下が根本

羽枝を図のように切断し、丸で囲んだ部分の内部構造を TEM で観察してみた。

　青く反射していた部分は、表層直下にメラニン顆粒が規則的に整列している。このような配列により、入射する光を規則的に反射させ、青紫色の構造色を生み出していると考えられる。横断面では球状に見えるメラニン顆粒だが、実際は細長い円筒状である。

　比較対象として根元の部分を観察すると、メラニン顆粒は表層よりも奥にあり配列も乱れている。そのため、この部分は構造色を発することがないのだ。ここで興味深いことは、人間が見るカラスの色と、カラスが互いを見るときでは色が異なるということだ。人間の

色覚で見えるのは赤色から紫色までの可視光で、赤外線や紫外線領域の色を見ることはできない。しかし、カラスをはじめ多くの鳥は近紫外線領域の色まで見ることができる。実際に紫外線カメラでカラスを観察すると、基本的には黒く写るものの、角度によっては風切羽が白く反射する。ある角度で紫外線を反射するということは、この部分は紫外線の構造色をもっていることになる。（紫外線カメラは紫外線を反射した部分が白く写る）。つまりカラスが互いを見たときには、近紫外線から青色までの波長を混ぜ合わせた鮮やかな構造色が見えているのである。

16—ハシボソガラス（雄）の紫外線写真

31

ブトとボソだけじゃない、
国内で見られる
そのほかのカラスたち

| 文・写真 | BIRDER
| 音声 | NPO法人バードリサーチ

国内に記録があるカラス科カラス属6種のうち、
ボソとブト、たまたま迷い込んだと思われるニシコクマルガラスの3種以外に、
毎年渡ってくる冬鳥のカラスが3種いる。
冬場、足を延ばして観に行きたい。

コクマルガラス
Corvus dauuricus
英名：Daurian Jackdaw
全長：33cm

全国に渡ってくる冬鳥だが、数は多くない。国内で見られるカラスでは最小で、キジバト大。成鳥の羽色は白と黒のツートーンで、俗にシロマル、パンダガラスなどと呼ばれる。若鳥はほかのカラス類のように全身が黒い。ミヤマガラスの大群に少数が混じることが多い。キュン、ミャーなどとカラスらしくない声で鳴く。

成鳥　かわいらしい印象だ

若鳥　嘴も小さくて短い

ミヤマガラスの大群の中から小さなコクマルガラスを見つけだすのは宝探しのようで楽しい

ミヤマガラス
Corvus frugilegus
英名：Rock
全長：47cm

全国に渡来する冬鳥で、ハシブトガラスよりひと回り小さい。農耕地や干拓地のような開けた環境を好み、大群で行動する。嘴がとがっていて、基部が白っぽい。ハシブトガラスのように、嘴基部から頭頂にかけておでこのように盛り上がる。ガー、ガーと濁った声で鳴く。鳴き声はハシボソガラスよりもしわがれた印象。

おでこのよう

尾羽はくさび形で
広げると扇形

ワタリガラス
Corvus corax
英名：Northern Raven
全長：63cm

巨大なカラスで、カラス科だけでなくスズメ目でも最大種。北海道に渡来する冬鳥で、数は少ない。上嘴が湾曲するが、ハシブトガラスほどではなく、額もなだらか。海外では神聖な鳥とされ、数多くの神話や物語に登場する。フォー、コーなど、さまざまな声で鳴く。他種とは比べ物にならないほど警戒心が強く、じっくりと観察することは困難である。

世界の"黒いカラス"たち

~ "Black" crows in the world ~

英名で Crow や Raven、Cough と呼ばれる、いわゆる "黒いカラス" は、南極を除く5大陸に約50種分布している。日本におけるハシブトガラスのように都市の生活にしっかりと適応しているものもいるが、実はそうした種類は一部しかいない。多くは深い森の中にひっそりと暮らしていて、出会うこと自体が難しい種類も少なくないのである。

|文・写真| 松村伸夫

Asia~Europe
アジア~ヨーロッパ

▲ **イエガラス** House Crow
Corvus splendens

日本でも1981年に大阪府で1例の記録がある。インドから中国南部にかけてが本来の分布地であるが、シンガポールなどでは移入から定着した個体群が至るところで見られ、在来種のように振る舞っている。

▲ **スンダガラス** Slender-billed Crow
Corvus enca

ハシボソガラスよりやや小さめのカラスで、マレー半島、ボルネオ島、インドネシアの島嶼に広く分布している。これといって特徴はないが、島ごとに形態に微妙な差異があり、それらのいくつかは独立種とされている。写真はインドネシア・スラウェシ島で撮った個体。

◀ **パラワンガラス（仮称）**
Palawan Crow
Corvus pusillus

本種もスンダガラスからの独立種で、フィリピンのパラワン島やミンドロ島などに分布する。

▼ **モルッカガラス** Long-billed Crow
Corvus validus

◀ **フィリピンガラス（仮称）** Small Crow
Corvus samarensis

スンダガラスからの独立種で、フィリピンのルソン島やミンダナオ島などに分布。写真の個体はルソン島に分布する亜種 *sierramadrensis*。

インドネシア・マルク諸島北部にのみ分布する大形の（ハシブトガラスより大きい）カラス。深い森にすみ数も少ないので、出会うのが難しい。英名が示す長い嘴（Long-billed）が大きな特徴で、それによって顔つきがシャープでかっこよく見える。

34

▲ハイイロガラス（ズキンガラス） Hooded Crow
Corvus cornix

長らくハシボソガラスと同一種とされていたが、近年は独立種とされる説が有力である。ヨーロッパ北部・東部〜アジア西部にかけて広く分布し、都市部の公園で普通に見られる。この個体を撮影したトルコ・イスタンブールでは、ズアオアトリやホシムクドリなどと一緒に公園の芝生の上を歩いていた。

▲チャガシラガラス
Brown-headed Crow
Corvus fuscicapillus

インドネシア東部のニューギニア島本土の一部やワイゲオ島などの森林に分布。頸部がうっすらと茶色味を帯びる点が大きな特徴。

▼インドハシブトガラス（仮称）
Indian Jungle Crow
Corvus culminatus

ハシブトガラス *C.macrorhynchos* は、鳴き声や形態の違いから近年3種に分割された。インド亜大陸に分布する本種は日本のハシブトガラスより小さめで尾は丸みを帯びる。

▼ベニハシガラス
Red-billed Chough
Pyrrhocorax pyrrhocorax

ホシガラスのように高山帯に分布する種で、細長く赤い嘴が大きな特徴。学名の *pyrrhocorax* はギリシア語で「炎色のカラス」を意味する。中国〜ヨーロッパと、アフリカの一部に分布し、近似種のキバシガラスとは標高ですみ分けている。しばしば大きな群れを形成し、ハゲワシなどの猛禽類と一緒に青空をバックに鳥柱を成すさまは爽快だ。

▲バンガイガラス Banggai Crow
Corvus unicolor

インドネシア・バンガイ諸島に分布するコクマルガラス大の小さなカラス。1894年ごろにタイプ標本となる個体が捕獲されて以降100年以上記録がなく、絶滅したものと考えられていたが、2007年にペレン島にて再発見され、世界中を驚かせた。現在でも観察記録はほとんどなく、広大な森林の中でこの鳥に会うことは極めて困難である。筆者がこのカラスを目撃したのは、車、バイク、徒歩で何時間もかけてでのみアプローチ可能なペレン島の奥部。何日もジャングルを歩き続け成果なく帰国の途につこうとした日、はるか遠方の樹幹部にとまる個体を見つけ、腰を抜かしてしまった。

ベニハシガラスの群れ

▲ニシコクマルガラス Western Jackdaw
Coloeus monedula

日本でも数例の記録があるが、本来の分布地はヨーロッパから中東、インドにかけてであり、現地では街なかでハトと一緒に採食しているような普通種である。4亜種が存在するが、いずれもコクマルガラス淡色型（成鳥）のような明瞭な白色にはならない。

▲クビワガラス Collared Crow
Corvus torquatus

中国南西部や北ベトナムなどに分布するが、生息数は多くなく、IUCNによるレッドリストのカテゴリはVU（危急種）となっている。全長約55cmの大形のカラスで、胸から後頭部にかけて白いのが特徴。© 川辺 洪

America
アメリカ

▲アメリカガラス American Crow
Corvus brachyrhynchos

北米に広く分布しているのが、ワタリガラスとこの
アメリカガラスである。全長 50cm ほどとミヤマガ
ラスとほぼ同大。西ナイル熱の影響を受けやすいた
め、ウイルスの広がりを追跡するための指標生物と
して使われている。都市部の公園で普通に見られ、
ゴミを漁ることから嫌われ者となりがちだ。

▲ウオガラス Fish Crow
Corvus ossifragus

アメリカガラスに酷似するウ
オガラスは、アメリカ南東部
に分布しているが、アメリカ
ガラスと分布域が重複してお
り、識別には注意が必要だ。アメ
リカガラスと比較すると、本種のほう
がやや小さく、足は短い。翼の幅も本種のほうが
狭いなどの識別点はあるが、慣れないと難しい。

▲ジャマイカガラス Jamaican Crow
Corvus jamaicensis

中米ジャマイカに分布する固有のカラス。ジャマイ
カには約 30 種の固有種が生息するが、このジャマ
イカガラスは最も観察が難しい種の 1 つ。ジャマイ
カ島の東部にのみ分布する。

Africa
アフリカ

◀ムナジロガラス Pied Crow
Corvus albus

アフリカ大陸には 7 種ほどの黒いカラスが分布して
いるが、最も分布が広く普通に見られるのがこのム
ナジロガラスだ。市街地で群れてゴミを漁る様子は、
日本におけるハシブトガラスと同様だが、白黒の美
しい体色のおかげであまり嫌われずに済んでいるの
では？と思ってしまうのは筆者だけだろうか？

Oceania
オセアニア

▲**ミナミワタリガラス** Australian Raven
Corvus coronoides

オーストラリアには外来種を除くと5種のカラスが分布しているが、最も分布が広く個体数が多いのが、ミナミワタリガラスとミナミガラスだ。ハシブトガラスよりやや小さく、白い虹彩と喉の細かい羽毛が特徴。オーストラリア東部と南部に広く分布し、公園などで普通に見られる。

▲**ミナミガラス** Torresian Crow
Corvus orru

インドネシア東部からニューギニア、オーストラリアの北部から中部にかけて広く分布する。本種より南に分布するミナミコガラスと酷似するが、本種のほうがやや大きく、喉の羽毛の形状や飛び方でも区別が可能。ちなみに、オーストラリアで見られるカラスはすべて虹彩が白く、慣れるまでは識別にやや戸惑うかもしれない。

▲**ミナミコガラス** Little Crow
Corvus bennetti

オーストラリア中〜西部にかけて分布する小形のカラス。内陸の乾燥地帯にしばしば大きな群れで見られる。
© 西澤由彦

▲**カレドニアガラス** New Caledonian Crow
Corvus woodfordi

道具を作り、それを巧みに使うことでバードウォッチャー以外にも知られている有名なカラス。ひなは親と1年ほど一緒に暮らして道具の使い方を学ぶことや、地域によって使う道具が異なるなど、多くの研究結果が発表されており、この種への注目度の高さがよくわかる。© 川辺 洪

▲**ソロモンガラス** White-billed Crow
Corvus woodfordi

南太平洋に浮かぶソロモン諸島の固有種で、英名のとおり白い嘴が大きな特徴。背の低い疎林を好み、単独もしくは小さな群れで行動する。ソロモン諸島の玄関口ガダルカナル島は第二次世界大戦の激戦地として知られ、毎年多くの人が戦跡を訪れるが、このソロモンガラスをはじめとする多くの固有の生き物が暮らす島でもある。

じつはカラスのなかまです

グループは違うけど、
国内には同じカラス科のなかまが5種いる。
黒ずくめじゃないけど、行動や生態に
カラスらしさが見え隠れしている。

文・写真 | BIRDER

カケス
Garrulus glandarius
カラス科カケス属
英名：Eurasian Jay
全長：33cm

亜種カケス。翼の一部が空色で目立つ

郊外や山地の林にすむキジバト大の鳥。冬場は平地へ移動し、公園の林で越冬することもある。ふわふわっと羽ばたく独特の飛び方や、英名の由来になったジェー、ジェーという鳴き声が特徴。いろいろな鳥の鳴き真似が得意で、通常のジェーとはまったく違う声で鳴くことができる。不思議な声で鳴くこともあり、慣れないと惑わされる。どんぐりを好み、貯蔵する習性がある。国内に4亜種が分布し、本土の亜種カケスのほか、北海道にミヤマカケス、佐渡にサドカケス、屋久島にヤクシマカケスが生息する。サドカケスとヤクシマカケスは、亜種カケスとの外見上の違いがわからないが、北海道の亜種ミヤマカケスは羽色や虹彩の色が異なる。

ルリカケス
Garrulus lidth

カラス科カケス属
英名：Lidth's Jay
全長：38cm

国内の鳥では1、2を
争う美しさだ

奄美大島、加計呂麻島、請島のみに生息する国内固有種。常緑広葉樹林にすむが、農耕地や集落でも見られる。非繁殖期は小さな群れになる。瑠璃色と紫色、ワイン色の羽色が美しいが、暗い林内では意外と目立たないという。鳴き声は同属のカケスに似たジャー、ジェーというしわがれた声。どんぐりを好むという生態もカケスに似ている。

ふわふわっと
羽ばたく

北海道の亜種ミヤマカケス。虹彩が暗色でやさしい印象

39

オナガ
Cyanopica cyanus
カラス科オナガ属
英名：Azure-winged Magpie
全長：37cm

美しい姿とけたたましい鳴き声のギャップに驚く

その名の通り、尾羽が長くスマートな鳥。中部・北陸地方から東北にかけて分布し、西日本や北海道では見られない。緑地のある市街地や丘陵地帯の林などに生息し、住宅地の電柱電線、アンテナなどによくとまる。社会性があり、常に群れで行動する。翼と尾羽が明るく淡い青色で美しいが、鳴き声はギューッ、ギュッギュッギュッとけたたましい。カケス（P.38）と同じように通常とは異なる変な声を出すことがあり、トゥルルルルなどと鳴く。

ふわふわっと羽ばたく独特の飛び方が、同属のカケスに似ている

カササギ
Pica pica
カラス科カササギ属
英名：Eurasian Magpie
全長：45cm

九州の個体群は 17 世紀に朝鮮半島からもちこまれ、定着したものとされる。北海道の個体群は韓国や九州の個体群とは系統が異なるという

オナガに似て尾羽が長い鳥で、ひとまわり大きい。九州北部に分布し、北陸と北海道の一部にも局地的に生息する。人家近くの農耕地や林に生息し、昆虫や植物の実を食べる。カシャ、カシャと鳴くのを「勝ち」と聞きなし、佐賀県では俗に「カチガラス」と呼ばれる。

ホシガラス
Nucifraga caryocatactes
カラス科ホシガラス属
英名：Spotted Nutcracker
全長：35cm

とがった嘴は、堅い実を割るために適している。しわがれた声でガー、ガー、ガーと鳴く

北海道から九州に分布し、亜高山から高山にかけて生息する。頭部はチョコレートのような色で、翼は光沢のある黒色。上下面に多数入る白斑を、星に見立てたのが和名の由来。冬季に備えて貯蔵する習性があり、夏の終わりごろから晩秋にかけて、喉袋いっぱいにハイマツやゴヨウマツの実を詰め込み、ふわふわと羽ばたきながら運び、貯蔵する行動がよく見られる。

1年のくらし

なんとなく自由気ままに生きているようにも見えるカラスたちだが、自然の法則やカラス社会のルールに従ってくらしている。そんな彼らの1年のライフストーリーをたどってみる。

|文・写真｜松原 始

ベランダから盗んだハンガーを
くわえて飛ぶハシブトガラス

カラスの1年は
ケンカで始まる

正月を過ぎ、人間たちが仕事始めと新年会に騒がしいころ、カラスの間でも新たなシーズンが始まっている。

一般に、なわばりもちのカラスは1月からお隣さんとの闘争が激化する。なわばりはだいたい決まっているのだが、次の繁殖に向けて明確に境界線を引き直す時期なのだ。空中で衝突したカラスが相手に噛みつき、蹴飛ばし合い、もつれあって落ちてくるという、滅多にない大喧嘩さえ見かける時期である。

カラス観察者が本格的に動き出すのも、このシーズンだ。

早ければハシボソガラスで2月半ば、ハシブトガラスで3月前半に、巣づくりが始まる。ただ、なんらかの理由で営巣が遅れることはよくあるので、実際によく見るのはハシボソで3月、ハシブトで4月といったあたり。枝を折ろうと努力しているのもよく見るが、物干しからハンガーを盗んでいくこともしばしばある。産座にはビニール紐をほぐして引きちぎったものや捨ててある座椅子などの綿、さらに動物の毛も使う。奈良公園ではシカの毛を引っこ抜くのだが、換毛期で抜けやすくなっている（かつ、多分本人もむずがゆい）せいか、背中にカラスが乗ってブチブチ毛をむしっていても割と平気である。

ハシボソでだいたい3月、ハシブトでは4月ごろから、産卵が始まる（もう少し早い例もあるが、多くはこんなものだ）。卵は4個か5個、長径が40〜45mmほどで、ウズラの卵より大きいが、鶏卵よりはだいぶ小さい。

抱卵期間は約20日。ハシボソ、ハシブトとも、抱卵するのは雌で、抱卵中の餌は雄がもってくる。ひなが孵化してもしばらくの間は雌が抱いているので、観察していても卵が孵化したかどうかわからない。だが、ひなに給餌するときは雄が巣までやってきて、かつ、雌が黙って巣の脇へ寄る。ひなが育ってくると、巣から身を乗り出して翼をパタパタさせているのが見える。

42

抱卵中の雌の顔がのぞいている。
この巣は新宿歌舞伎町の雑踏の
上にあった

無邪気なひなと
神経質な親鳥

ひなが巣立つには1か月ほどかかる（平均して32日程度）。巣立ちびなは平均して2羽程度、4羽までは見たことがある。この時期がカラスにとっていちばん気を遣うところだ。巣立ちびなは赤い口を開けて食べ物をねだるばかりで、飛ぶのも下手なら怖いものも知らない。親は防衛に必死である。うっかり近づいた人間が威嚇されたり、頭を蹴られたりするのもこの時期、だいたい5〜6月だ。営巣が遅れたり、繁殖に失敗してやり直したりすることもあるが、基本的に7月中には巣立ちを迎える。

巣立ちびなたちは少なくとも2〜3か月、長ければ半年ほども親元にとどまっている。その間に飛び方や食べ物の採り方を覚えるわけだが、そのアホかわいさはカラスのイメージを変えてくれるに違いない。意味もなく電線をガジガジし、チョウを追いかけて無駄にピョンピョン飛び跳ね、河原で親の真似をして石をひっくり返そうとして自分がコケるのである。

子どもたちを待ち受ける
「カラス社会の掟」

このひなたちも夏の終わりから秋ごろには独立する。思い切りよくなわばりからいなくなることもあるし、数日後に帰ってきてまたいなくなって……をくり返すこともある。いずれにしても、独立したひなたちは非繁殖集団に入り、群れで暮らすようになる。

おもしろいのは、少なくともハシブトガラスの群れはメンバーも居場所もどうやら固定されておらず、非常に流動的なものである点だ。それでいて群れ内の個体間に明確な順位が存在する。余談だがハシブトガラスでは他個体の顔と声をちゃんと記憶して個体識別していることが示されている（P.80〜参照）。

カラスの若鳥の順位闘争はなかなか熾烈である。夏から秋にかけて、新入り同士が顔を合わせる時期によく見られるのだが、グイと胸を張って体を大きく見せたまま、まずは歩きながら肩をぶつけ合う。それから相手の足を自分の足でつかもうとする。この「足の引っ掛け合い」から、足を握ったままの綱引きが始まる。引きずり倒されたほうが負けだ。

巣立って１週間程度のひな。もうかなり飛べるが、行動が子どもっぽい

巣立ちびなの兄弟間で給餌の真似事をしている。口の中が赤いのに注目。成鳥は黒い

彼らは運がよければ集団の中でペアをつくり（それがそのまま持続するかどうかはわからないが）、ペアでなわばりを確保し、繁殖個体の仲間入りをするが、それは普通３年ほど先の話である。その３年を生き延びられる保証はない。食料不足や事故のほか、オオタカなどに捕食されることもある。

繁殖ペアは、ひなたちが独立すると少しだけ、なわばり防衛も緩めるようだ。また、子育てが一段落したせいか、相互羽づくろいや求愛給餌などの行動を思い出したようにやっていることもある。

ただし、先にも書いたようにひなの独立時期はマチマチだ。特にハシボソガラスは独立が遅い傾向があり、年末どころか、翌年の１月になっても食べ物をもらっている子どもを見たことがある。古い研究には翌年の繁殖期になっても、まだ前年の巣立ちびなが居座っていたという観察記録まである。スペインのハシボソガラスではヘルパー＊が知られてい

るので、これもその例だったのだろう。ただし、そこまで長く留まるのは、まれな例である。たいていは親に追い出される。特に雄親が怒って追い出す、という研究もある。

秋はねぐらが大きくなる時期でもある。一つには、その年生まれの若い個体が参加してくるからだ。もう一つは、これはいまだにはっきりしないのだが、なわばりをもったペアが非繁殖期だけねぐらに参加する例があるように思う。ねぐらに帰るかどうかは、夜間に自分が外敵に襲われる危険性と、なわばりを一晩空けておくことの危険性のバランスで決まっているのだろう。

また、繁殖個体が換羽するのも夏から秋にかけてである。９月後半から１０月ぐらいにちょうど頭の羽が抜けるので、まるでコンドルかハゲワシのようになった姿を見ることもある。非繁殖個体は子育てに労力をかけないので、春から換羽しているようだ。

＊ヘルパー：繁殖中のつがい以外で、つがいの子育てを手伝う個体

オオタカの若鳥がハシブトガラス を仕留めた。街ではブイブイいわ すカラスにも天敵はいる

カラスは天敵でもあるオオタカを 目の敵にしている。普通は絡まれ たタカのほうが面倒がって逃げる が、このときはオオタカが反撃し てハシブトガラスを追い払った

冬のカラスが 街路樹に群がる理由

　そして冬。カラスに限らず、全ての生物に とって厳しい季節だ。冬のカラスは街路樹の クスノキやナンキンハゼに群がることも多 い。冬の間に結実する樹木は、食べるものの 少ない時期に果実を提供し、確実に種子を運 んでもらおうという戦略をとっている。ゴミ 漁りの印象の強いカラスだが、彼らは果実食 者でもあり、種子の運び手として重要である。 カキやビワのように、果実も種子も大きなも のをくわえて運べる鳥はそう多くないはず だ。なお、カラスが何かを運ぶとき、足にも つことはまずない（絶対ない、とはいわない。 2、3度だが見たことはある）。ちなみに、大 きなカキをくわえて飛んでくるカラスを正面 から見ると、「あのオレンジ色の嘴の鳥はな んだ？」と一瞬混乱する。

　市街地のカラスに限らなければ、冬はミヤ マガラスとコクマルガラス（P.32）が渡来 する季節でもある。現在、この2種はほぼ 日本全国で越冬するので、広い農地に行けば

出会う可能性はある。ただ、若いミヤマガラ スとハシボソガラスの識別は極めてやっかい である。図鑑的には「ミヤマガラスは頭がお にぎり型で、嘴の付け根が白く、ハシボソガ ラスよりやや小さい」ということになるのだ が、それは成鳥の話。若鳥は嘴の付け根が白 くないし、頭もペタンとさせていることが多 い。そして数cmの全長の違いなんて、遠目 に見てわかるわけがない。結局、首を伸ばし、 尾羽を広げながら「カラララ」と鳴いてくれ るまで、ミヤマガラスだとは確信できない。 それも「冬のカラスあるある」だ。

　こうして1年が過ぎ、また次の繁殖シー ズンが巡ってくる。これがカラスの1年であ る。

朝から晩までカラス漬け
街のカラスの1日を
のぞいてみよう！

｜文・写真｜松原 始

街のカラスたちは1日中同じ場所にいるわけではない。
食事や寝るための場所はおおむね決まっており、
ふだんはそれらを移動しながら規則正しく暮らしている。
カラスとまる1日行動を共にしながら、
彼らの生活をのぞいてみるのも楽しい。

街のカラスは
始発前に動き出す ▶▶▶

　カラスを見るなら、まずは早朝である。一般に鳥が最も活発になるのは早朝で、カラスも例外ではない。それに朝イチはカラスならではの行動——ゴミ漁りを観察するのにも最適だ。

　もし、ねぐらがわかっているなら、夜明け前から陣取って、ねぐらを飛び出す姿を観察してみてもいい。だが、カラスは夜明けの1時間前から目覚めて時折「カア」などと鳴いており、その飛び立ちはまだ暗い間だ。明けやらぬ空を、鳴き声とかすかな羽音だけが飛び去ってゆくのもそれはそれで趣はあるが、

ほとんど何も見えないので、あまりおもしろくはないかもしれない。（ちなみに、沖縄県伊良部島にあるねぐらは飛び立ちが妙に遅く、完全に明るくなってからだった）

　オススメしたいのは、カラスが来そうな繁華街で明るくなるころから待ち構えていることだ。始発電車でも間に合わない場合もあるだろうが、そこは繁華街のこと、前夜から乗り込んでネットカフェで時間を潰していてもいい。一度だけだが、明け方まで営業している居酒屋でビールを舐めながら粘り、それからカラスを見に行ったこともある。

　上空をカラスが次々に飛んでくるのを確かめ、その行き先を読んで先回りする。おそらく、電線やビルの上にとまって待機している

歌舞伎町で何かをくわえていたハシブトガラス。結局何かわからなかった

早朝の新宿歌舞伎町。ゴミの山がこれだけ大きいと、複数のカラスが同時にご馳走にありつける

カラスたちのシルエットが見えるはずだ。

　地面が明るくなるにつれ、カラスは地上に降りてくる。このとき、真っ先に降りてくるのは、必ずしも強い個体ではない。むしろ危険を冒してでも食べ物をとりたい、劣位で空腹な個体の場合もある。しばらく見ていると、安全を確認して後から降りてきた優位個体に追われ、採食場を譲るところも観察できるだろう。カラス同士の小競り合いや食べ物の奪い合いといった彼らの日常を垣間見ることができるし、果ては着地に失敗して転ぶカラスなどという、珍しい光景を見たこともある。

　さらに、カラスの食べ物の好みもよくわかる。ゴミ袋から引っ張り出してもポイと捨てるもの、大喜びで食べるものなど、扱いがさまざまだ。一般に好きなのは肉類やパスタ。肉バルや焼肉屋の前はカラスのいい採食場だ。朝から寿司をつまんでいる優雅なカラスもいる。しかし、ただでさえゴミ袋から引っ張り出された残骸を、さらにカラスがつついてしまうので、食べているものを確かめるの

は容易ではない。カラスがくわえているものはだいたい茶色いか白いか赤いかで、茶色ければ揚げ物に見え、白ければおにぎりに見えるのである。赤ければたぶん、肉だ。海老フライのように特徴的な形でない限り、判別できないかもしれない。正月明けに白くて丸いものをくわえて飛ぶカラスを見たことがあるが、あれは餅だったのか？

　また、ビルの上などをよく見ていると、並んでとまっているペアがいることにも気づくだろう。だが、ペアは繁殖個体とは限らない。カラスはなわばりを確保して繁殖できるようになる前、集団生活している間にペアをつくってしまうからである。

　大都市の早朝の観察はカラスの行動以外にも、時にスリリングだ。客引きのお兄さんに「よく来てますけど、何か珍しい鳥でもいるんですか？」などと聞かれたりする。カラスを撮影しようとしていたら、通りすがりの酔った兄ちゃんが3人、ピースサインをキメてきたこともあった。

路上に放置されたカップラーメンをすする（?）ハシブトガラス

右手前の1羽に注目。舞い降りてきた着地点にほかのカラスが入ってきたので、とっさに避けようとしてコケた……

ゴミ漁りを終えたカラスが向かう先は？▶▶▶

　ゴミが回収され、カラスたちがビルの高いところに退避してしまったら、ゴミ漁りは一段落だ。次は近くの公園や河原に行くべきである。食事を終えたカラスが次にやることは、水浴びだからだ。

　公園なら噴水や池があることが多いが、それがいい観察ポイントになる。博多では中洲あたりで食べ物を漁った後、那珂川の浅瀬で水浴びしているカラスの群れを見た。東京でオススメのコースを挙げれば、朝イチの渋谷センター街でカラスを眺めて、ゴミが回収されてカラスが引き上げはじめるのを見届け、7時半〜8時ごろに代々木公園に移動、というのがベストだ。

　代々木公園の中央には池があり、ここに毎朝、多くのカラスが集まる。カラスはああ見えてきれい好きで、食べ物に触れた後は必ず嘴を電線などにこすりつけて磨くし、水浴びのときは真っ先に嘴と顔を水に突っ込んで

ジャブジャブと洗う。あっちでもこっちでもカラスが水を跳ね散らかしているのはおもしろいし、水浴びを終えて濡れた翼で枝にとまり、せっせと羽づくろいしている姿も見られる。朝日に輝く濡羽色の翼は絶好のシャッターチャンスである。

　また、このときは多数のカラスが集まっているので、個体の特徴を見るのにも向いている。嘴の形や先端の伸び方には個体差があるし、羽の色つやも個体の順位や体調によって歴然と違う。また、部分白化など変わった個体が混じっていることもある。

　ペア間の相互羽づくろいなど、カラスがイチャつく姿を見られるのもこういうときだ。雌に向かって「はい、これあげる」と求愛給餌を迫る雄を見かけることもある。だがカラスだってなかなかナンパは成功しない。数年前だが、食べ物を差し出したのに、雌に「いらない」とそっぽを向かれている不幸な雄も見たことがある。ただし、この雄は折れない心のもち主だった。雌がそっぽを向くとすばやく移動してまた正面に陣取り、再び「はい、

あげる」とやったのである。確か、3回目くらいに受け取ってもらえていたはずだ。ただし、その後ちゃんとペアになったかどうかはわからない。

さて、この辺で観察者も朝飯タイム。せっかくだから公園のベンチで何か食べよう。これにはもう一つ、目的がある。人間が何か食べていると、カラスは必ず寄ってくるからだ。野鳥に給餌するのは推奨しないが、向こうから寄ってきて枝にとまっているなら、より近くでカラスを観察するチャンスである。ただし、急な動きとレンズの向きには要注意だ。彼らは常に人間の動きを警戒しており、驚くと瞬時に飛び退くか、逃げてしまうからである。レンズを向けられると嫌そうに顔を背けることも多い。そこでしつこく狙ったり、いいアングルに移動しようとしたりすると、間違いなく飛び去ってしまう。そういう意味では、野鳥を脅かさない「間合い」を練習するのにもよい機会だ。

カラスの行水とはいうが、鳥としては水浴びが特に短時間というわけではない。この後、ていねいに羽づくろいする

水浴び中のカラス。青紫色を帯びた、まさに「濡羽色」の光沢は構造色によるもの

風切羽の一部が色素を失っている。いわゆる部分白化個体で、一時的な異常であれば、次の換羽で黒くなる

この雄（左）は何羽もの雌に求愛給餌を迫っていたナンパ野郎

「巣の目印」は
木の下のハンガー ▶▶▶

　朝の騒ぎが一段落したら、カラスの巣を探してみよう。

　小さな公園などで、2羽あるいは単独で動いているカラスがいたら、繁殖個体の可能性がある。ほかのカラスが入ってくると鳴きながら飛び立って戻ってくる、などの行動があれば間違いなくなわばりだ。ハシボソガラスで2月後半〜3月ごろ、ハシブトガラスで3〜4月にかけてが、巣づくりの季節である。もし、長い枝や針金をくわえて飛ぶカラスがいたら、間違いなく巣づくり中だ。営巣木は常緑樹が多いが、葉が展開するのを待って落葉樹に営巣することもある。ハシボソガラスなら葉っぱのない落葉樹にも営巣するが、常緑樹が嫌いというわけではない。だいたいは人目につきにくい、よく茂った大きな木の上

にある。慣れてくると公園を見渡して「カラスが営巣するなら、あの木か、でなきゃあっちかなぁ」などと見当がつくものである。で、狙いをつけた木の下に不自然な枝やハンガーが落ちていれば、間違いなくそれが営巣木だ。ただ、カラスは常に人目を気にしているし、巣の撤去なども行われることがあるので、こちらの裏をかいた場所に営巣していることもある。あと、巣を見ていると怒り出す個体もいるので、威嚇されるようならさっさと離れるのもマナーだ。あなたが平気でも、ほかの人が八つ当たりされるかもしれないし、「カラスに襲われている人がいる」などと通報されたら巣を撤去されかねない。

　抱卵するのは雌だけなので、その間雄は大忙しである。見張りとなわばり防衛に加え、雌の食べ物も採ってこなければならない。野鳥の巣に近づくのは営巣妨害になる恐れがあるので、カラス相手といえども慎重に行うべ

きだが、この時期には「がんばる雄」の姿が見られるだろう。また、雌が抱卵しているとき、ハシブトガラスの雄は食べ物を巣までもち込まず、雌を呼び出して受け渡す。このときに雌を呼ぶ「オッアッ」という声、受け渡す際の「カララ……」という"うがい"のような声など、特徴的な音声も聞こえるはずだ。食べ物を受け取った雌は黙ってそっと飛び、巣の位置を悟られないよう、遠回りしながら戻ってゆく。こういうときは、たとえ巣の位置を知っていても、わざと知らんぷりしておこう。

　そうこうしているうちに午後。実のところ、カラスの観察としては、もうあまり旨味のない時間帯だ。カラスは昼を過ぎるとあまり動かなくなり、暑い時期ならなおのこと、まったくやる気をなくすからだ。繁殖中の個体はなわばり防衛や食べ物運びのためにそうもいっていられないが、それでもアンテナの上で口を開けて「暑〜〜〜」とボケボケしている姿を見ると、「あんたも大変だねぇ」と言いたくなる。中には橋の下など、涼しい場所を見つけて上手に涼んでいる個体もいる。20年以上も前だが、私が京都でカラスを見ていたころは、鴨川にかかる三条大橋の橋桁がカラスの涼み場所で、数十羽も集まっていることもあった。

公園の大きめの樹木の下に、不自然に枝やハンガーが落ちていれば営巣している証拠

古巣なのでハシブトかハシボソかわからないが、ハンガーを使い過ぎである

夕方のハイライト、
ねぐら入り ▶▶▶

　夕方が近づくと、ねぐらに帰る連中は浮き足立ってくる。高いところに陣取って周囲を見渡し、カラスの群れを見つけると「飛ぼうかな、どうしようかな」とでもいうような態度を見せる。もし自転車、バイク、車などで追跡できるなら、集団で飛ぶカラスを追いかけて行くのもいいだろう。おそらく、どこかの林などでほかの集団と合流しつつ、次第に群れを大きくして、ねぐらに向かうはずである。それ以外にも少数、あるいは単独でねぐらへ飛ぶカラスたちもいる。空を見ていれば、こういったカラスの向かう方向は見当がつくはずだ。追跡するのが難しければ、視界の広く取れるところに陣取って飛去方向を確かめてもいい。京都市のド真ん中にあるホテルに突撃して、オープン前の屋上ビアガーデンを使わせてもらったこともあった。このときは屋上のドアを開けてくれたベルボーイさんが笑いながら「こちらのお部屋で如何でしょう」と指し示してくれたので、こちらも「大変結構なお部屋で」と答えてしまった。

（上）夕日を浴びるカラス。嘴の金属光沢がよくわかる

（左）夕方、ねぐらをめざして飛ぶ群れ。この写真を撮った場所はねぐらの近くで、上空を続々と通過していった

（下）残照の中、ねぐらに帰ってきたカラス。この場所はハシブト、ハシボソ、ミヤマ、コクマルの混成ねぐらだった

このように木の上にとまったまま眠る

　ねぐらはだいたい、夜間に人の出入りしない森林である。例えば夜間閉鎖される公園、神社や寺など禁域のある所、市街地に近い山すそなどだ。ねぐら入りしたカラスはしばしば、いっせいに鳴きながら湧き上がるように飛び立ち、またスッと舞い降りる行動をくり返す。これを手掛かりにすれば探し当てられる。

　また、カラスはねぐら入りの前にねぐら近くに集合することもある（就塒前集合）。集合場所は遠くからでも目立つ構造物であることが多く、しばしば学校の校舎など、大きな建造物を使う。

　ねぐらを突き止めたら、日没前に近くで待っているのが最高だ。続々とカラスが集まってくるのが見える。集団のこともあるし、ペアや単独で入ってくるものもある。

　このとき、枝にとまるカラスが見えれば、よく観察してみるのも手だ。ねぐらの中で彼らがどういう位置に陣取るかはまだわかっていない。見ていると隣にとまるのを許された

り、追い払われたり、嫌がられたりといろいろな関係性がありそうである。

　また、種による集合の違いを見るのもいい。感覚的にだが、ハシブトガラスは早い時間からダラダラと帰ってくるのに対し、ハシボソガラスは遅くなってから集団で入ることが多いように思う。慣れれば飛んでいる姿でも種はなんとなく見分けられるし、声が聞こえればより明確である。冬ならミヤマガラスやコクマルガラスが混じることもあるが、彼らも種ごとにまとまって到着するのが普通だ。長い翼を操って旋回するミヤマガラス、口々に「キュン！」と鳴きながら高速で駆け抜けるコクマルガラスなど、飛び方の違いを確かめるのも一興である。

　こんなカラス漬けの１日を過ごし、布団に入って目を閉じると、耳の中にはカラスの声がこだまし、瞼の裏にはカラスの飛ぶ姿が焼き付いているはずだ。こうなるともう、カラスウォッチから逃れられないのである。

カラスの衣食住

早朝、ゴミ捨て場に集まって生ゴミを喰らう。
採食場をいくつかハシゴしたあと、水場へ移動して水浴びする。
日中は木陰で休む。夕方、大きな群れになってねぐら入りする。
そんな日常は、カラスの日々のくらしのほんの一部に過ぎない。
ここでは、知る人ぞ知る彼らの意外な衣食住を紹介する。

文・写真・動画｜**BIRDER**

 水浴びだけが身だしなみではない。
煙もアリも浴びる！？

7月中旬、公共施設の煙突から
出た煙で煙浴　© 島崎康広

煙浴 銭湯などの煙突から出る煙を浴びながら、翼を羽ばたかせたり、羽づくろいしたりする。羽毛を乾かしたり、羽につく寄生虫を取り除いたりするための行動だと考えられている。湿気の多い梅雨時期に多く見られ、雨上がりに行う傾向があるという。

蟻浴 巣の上に座るなどしてアリを怒らせ、体に登らせる。アリたちが出す蟻酸を羽毛にまとい、寄生虫を払う行動だと考えられている。煙浴と同じで梅雨などじめじめした時期に見られる行動。

7月中旬、植物園のシナサワグルミの樹上で蟻浴 ©中村眞樹子（2点とも）

食 カラスの主食は生ゴミではない。

ゴミを荒らされないようしっかり対策すると、自然な採食行動が観察できる。その時期の旬のものを中心に、じつにさまざまな食べ物を見つけて食べていることがわかる。

晩秋にイイギリの実を採食。鳥に人気のない実で、ヒヨドリ以外はあまり食べない。春先はサクラやクワの実、夏から秋にかけてはミズキやエノキ、ムクノキなどさまざまな果実を食べる

秋冬はスダジイやマテバシイのどんぐりをよく食べる。ボソは器用に割って食べるが、個体によって得意不得意がある。ブトはボソが割ったものを横取りする。油脂分の多いハゼノキやナンキンハゼの実も好んで食べる

小さな幼虫を器用にくわえている。腹の足しになるのかと突っ込みたくなる。ミミズもよく食べる

カブトムシやカナブンを見つけると、木に飛び蹴りするようにして落とし、捕らえる。セミの場合は、木にとまっているところに襲いかかると飛んで逃げるので、空中で捕らえる

好機があれば、逃さずなんでも食べる。
それにしても、そこまでするか！というものも。

マガモの巣から卵を失
敬　© 中村眞樹子

街のネズミ退治に一役買う？ことも　© 中村眞樹子

産卵中のアカミミガメにつきまとい。「産みたて卵」を次々に食べていた。えげつない！

んとカワセミを捕食！　一瞬、我が目を疑った。残念ながら経緯は不明だが、これも自然界の掟。カラスを憎まないでほしい

住 たいせつなすまいだから、
材料にはとことんこだわりたい。

クリーニング店から仕上がってくる洗濯物に使われる、針金製のハンガー。木の枝と
違って曲げることができるので、巣を組むうえで使いやすい。最近クリーニング店で
はプラスチック製のハンガーが主流だが、カラスは針金ハンガーをどこからか目ざと
く見つけてくる。洗濯物が干してある場合、重くて運べないので、器用に洗濯物を外
してからハンガーを失敬することがわかっている。

© おおたぐろまり（2 点とも）

知的でかしこいカラスには、まだ観察されていない興味深い生態がいろいろあるに違いない。日ごろから彼らの行動をよく観察し、最新機材を駆使して静止画や動画で記録するようにしたい。きっと新たな発見があるだろう。

カラス、なぜ鳴くの？

カラスの鳴き声はふだんからよく耳にするが、
彼らが何を話しているのか、
気になったことはないだろうか？

│ 文・図│塚原直樹

「カア」と「ガア」の違い ▶▶▶

　毎日耳にする「カア」。なんて言っているの、なんで鳴いているのだろう、と気になったことはないだろうか。カラスが鳴き声でどんなコミュニケーションをとっているのか、その一部を紹介したい。

　よく「カア」と鳴き声を表現されるのはハシブトガラス（以下、ブト）だ。同じカラスでも、種が違えば鳴き声も変わる。一部を除いた日本の各地に生息するブトとハシボソガラス（以下、ボソ）の鳴き声を比較してみよう。ブトの鳴き声の多くは「カア」や「アー」と澄んでいるのに対し、ボソは「ガー」と濁った鳴き声だ。両種のソナグラムを図にしてみた【図1】。ソナグラムとは、横軸が時間、縦軸が周波数、色の濃淡が音圧を表したもので、音の特徴を視覚化できる。ブトのソナグラムははっきりとしたしまが見えるが、ボソのほうはしまがよく見えない。これはボソの鳴き声にノイズが多く含まれていることを示している。つまり、濁った鳴き声だ。

カラスの言葉 ▶▶▶

　カラスの鳴き声で最も頻繁に耳にするのは、警戒の鳴き声で、「アッアッアッアッ」「クワクワ」「アーアー」などを警戒度合いや状況によって使い分けているようだ。緊張度合いが最高潮に達すると「ガーガー」

鳴いているハシブトガラス。なんと言っているのだろう？　© 高野丈

図1—ハシブトガラスとハシボソガラスの鳴き声のソナグラム

ブト　　　ボソ　　　　ブト　　　ボソ

0.5 秒

15 kHz

0

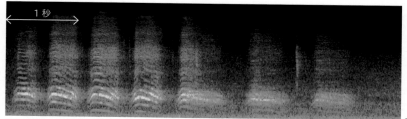

図2—警戒から威嚇に変化するハシブトガラスの鳴き声

と濁った威嚇の鳴き声になる【図2】。最初にブトの鳴き声は澄んでいると紹介したが、警戒の声を出すときはブトも濁った声で警告を発している。このとき、ボソとは声質が異なる。

くり返さない「アー」という鳴き声はコンタクトコールだ。コンタクトコールとは、お互いを認識する声で、人間ならあいさつのような声だと考えられている。カラスはほかのカラスがあいさつをしてきたら、それが誰か認識でき、個体識別ができると明らかにした研究もある。カラスがたくさんいる大きな公園などでは、【図3】のように1羽が鳴くと、別のカラスが同じ鳴き声で鳴き返す様子が観察できる。

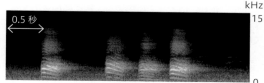

図3—ハシブトガラスのコンタクトコールの鳴き交わし

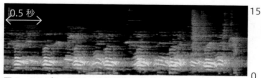

図4—ハシブトガラスの餌発見時の鳴き声

「アッアッアッアッ」という短い鳴き声を複数回くり返すのは、食物を発見したときの鳴き声【図4】。この鳴き声が発せられた後に、カラスの飛来が増えたことから、食べ物への集合の機能をもっていることを明らかにした研究もある。

夕方、ねぐらに入るときもカラスは独特の声を発する。「アーアーアー」【図5】と夕方鳴きながら群れで飛んでいるのを見たことがないだろうか。あれは一斉にねぐらに帰る行動だ。ねぐらに集団で入ることで猛禽類に襲われるリスクを減らすなどの効果があるかもしれない。「ねぐらに行くからこっちに来い」とでも言っているのだろうか。筆者らの実験では、この鳴き声を使って、カラスの群れを一方向へ誘導することに成功した。

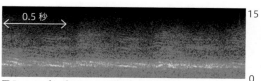

図5—ハシブトガラスのねぐら入りの鳴き声

「カラス、なぜ鳴くの？」▶▶▶

今回紹介した以外にも、カラスはさまざまな鳴き声をもっている。意味がわかっていない鳴き声も多く、カラス達のコミュニケーションはとても興味深い世界だ。カラスが鳴いているのを見かけたら、なぜ鳴いているのか、理由を考えてみよう。

CrowLabのHP

ここで紹介した鳴き声の一部はウェブサイトで公開中！

カラスはかしこい
かしこい ?

｜文｜柴田佳秀

カラスがかしこい鳥だということは誰もが知ってるだろう。
たしかにカラスは、知的行動と呼ばれる「これをやったらどうなる」という、
物事の前後関係を理解しないと成立できない行動を見せる。
また、失敗しても、その経験を活かして試行錯誤し、柔軟に対応できる能力もそなえている。
そんな、かしこいカラスの中でも、特に高い能力を見せるのが
オーストラリアの東、南太平洋に浮かぶニューカレドニア島に生息する
カレドニアガラスである。

道具をつくって使う
知的なカラス ▶▶▶

　このカラスはニューカレドニアの固有種で、食べ物をとるための道具をつくることで有名だ。私は、現地で1か月間に渡ってこの行動をくわしく観察したが、その能力の高さには目を見張るものがあった。

　カレドニアガラスがつくる道具には3種類あり、その一つがククイノキの葉柄を使った棒状のものだ。この道具を使って、嘴では届かない木の幹の穴に潜むカミキリムシの幼虫を取り出して食べるのである。驚くべきはその方法だ。棒状にした葉柄の先端で幼虫を刺激して怒らせ、かみついてきたところを釣り上げるのである。ククイノキの葉柄は、切り口が繊維状になっていて、幼虫がかみつくと顎が引っかかりやすくなっている。カラスはそのことを知っていて素材にこだわっていたのだ。

　さらに巧妙な道具は、パンダヌスツールと呼ばれるタコノキの葉を使ったもの。この葉の縁にはノコギリの歯のようなトゲが並んでいる。この葉の縁の部分を嘴で切り取り、細

カレドニアガラスは道具を使うだけでなく、作り出すのがすごい
© 柴田佳秀

タコノキの葉から作ったパンダヌスツール　© 柴田佳秀

長い道具をつくるのである。そして、その道具を嘴でくわえ、葉の隙間などに差し込み、潜んでいるカタツムリにトゲを引っかけて取り出し、食べるのだ。また、Yの字になった枝を嘴で折り取って加工し、先端がかぎ状になった道具もつくる。これを木の穴に差し込んで、中に潜む虫などを引っかけて取り出して食べる。このようなかぎ状の道具を使う動物は、人を除いてはカレドニアガラスしか知られておらず、チンパンジーでさえもその知恵にはかなわないのである。

ニッポンのカラスもすごい ▶▶▶

日本でくらすカラスも、カレドニアガラスと肩を並べるくらいの高い能力をもっている。特にハシボソガラスは、驚くべき知恵のもち主だ。次頁以降でくわしく紹介するが、なにしろ自分で水道の栓を回して水を出して飲んだり、浴びたりする個体がいるのである。また、嘴では割ることができない堅い貝やクルミを、空から舗装道路に落として割って食べたり、走行する自動車に轢かせて割って食

べることもする。ハシボソガラスは、ユーラシア大陸に広く分布しているが、水道の栓を開けたり、車に堅い物を轢かせて割る行動は海外では知られていない。まさに日本のハシボソガラスだけが見せる能力の高さなのである。

一方、街なかで多く見かけるハシブトガラスには、ハシボソガラスのような知的行動は見られない。しかし、ハシボソガラスよりも知能が劣っているわけではない。それというのも、ハシブトガラスはクルミを自動車に轢かせて割ることはないが、ハシボソガラスの行動を見ていて、割れたところで横取りしてしまう。まさに自分の手をわずらせることなく上前をいただくわけだが、効率の点ではこちらの方が優れているといえる。ハシブトガラスのかしこさは、「ずるがしこい」と表現した方が適切なのかもしれない。

次項からはカラスのかしこい行動をいろいろと紹介していこう。中には、かしこさに疑問符がつく行動もあるが、お茶目でおっちょこちょいな一面があるのもカラスの魅力である。

レバー式とはいえ、水道を操作できるのは一握りの天才カラスだ　© 中村眞樹子

水道を操作できる
天才カラス

世界広しといえど、水道を操作できるカラスは日本にしかいない。
すごいぞ！ニッポンのカラス

　日本で、いや世界で初めて水道の栓を開けて蛇口から水を飲むカラスが観察されたのは、北海道札幌市にある都市公園であった。2003年7月ごろ、とつぜん1羽のハシブトガラスが、水道のレバーを操作して水を出し、飲みはじめた。その後、今度は別のハシボソガラスもやりはじめた。ハシブトガラスの行動を見て、真似したのではないかと考えられている。残念ながら、現在は水道のレバーが回転式の取っ手に替えられてしまったので、この行動を見ることはできない。カラスの嘴では操作ができないからだ。

　ところが、その回転式の取っ手を攻略した天才カラスが出現した。場所は神奈川県横浜市の公園で、2018年3月のこと。1羽のハ

シボソガラスが回転式取っ手の裏側を器用に嘴で操作し、水を出していたのである。さらに用途に合わせて水量を調節していたことも判明。飲むときは取っ手をつついて回しチョロチョロと、水を浴びるときはやや勢いよく水が出るように取っ手をくわえて回し、水量を変えていたのだという。天才カラスは人のやり方を観察し、その仕組みを理解し自らの意思で行ったのだ。今のところ、この行動は特定の天才カラスでしか見られないが、ほかの地域でも行っている可能性はある。実際、水を出そうと試みる行動をたまに見かけることがある。カラスは栓を閉めないので、もし、水飲み場の水が出しっぱなしになっていたら、カラスのしわざの可能性がある。

水量の調節まで行う、まさに天才カラス！
用途によって取っ手の回し方を変える

飲むときは取っ手の決まった一部分をつついて回す © 樋口広芳

浴びるときは取っ手の一部をくわえて回す　© 樋口広芳

貝を高い位置から落として割る　©宮本桂

堅いクルミや貝を
落として割る

割れないから、落としてみるカァ

　ハシボソガラスには、嘴では壊すことができない貝やオニグルミの実をくわえて舞い上がり、空中から舗装路に落として割って食べる習性がある。この行動はおそらく生得的なものであり、ほぼ全国のハシボソガラスで見られる。ただし、幼鳥は落とす高さが低かったり、未舗装路でも行うことから学習も必要であると考えられている。また成鳥は、特に堅く割れにくい貝の種では他種の貝よりも高い位置から落として割り、どうすれば効率よく割れるのか理解しているという。

クルミが1回で割れることは少ないが、何度も試行する　©柴田佳秀

堅いクルミを
自動車に割らせる

割れぬなら　轢かせて割ろう　オニグルミ

　オニグルミの実はものすごく堅いから、何度か空中から落とさないと割れないし、割れないこともある。そこで一部のハシボソガラスは、走行する自動車のタイヤに轢かせて割るという高度なテクニックを見せる。車が通りそうな道路にクルミを置いてタイヤに踏ませて割り、砕けた中身を食べるのである。この驚くべき行動は、世界でも札幌市や函館市、秋田市、仙台市などの限られた地域のみで、しかも限られた個体でしか見られていない。自動車に轢かせるとクルミがかんたんに割れることに気がつき、その仕組みを理解できた

ごく一部の天才カラスだけができる行動なのだ。しかしこの自動車利用は、思ったほど効率がよいやり方ではない。交通量が少ないと踏まれるチャンスがあまりないし、逆に交通量が多いと事故の危険がある。また、広い道路にクルミを置いてタイヤに踏ませるのは意外と難しく、なかなか割れずに諦めることもある。あまり効率がよくないので、多くの個体が行うまで発展しないのかもしれない。ちなみにハシブトガラスではこの行動はまったく見られない。

自動車教習所発で生まれた文化が伝播し、周辺地域に広まっていったという　©仁平義明

動画は次々にクモを捕食する様子。おいしいもののためなら、夜ふかししちゃう？　© 髙野丈

夜、光に集まる虫を狙う
クモを捕食

クモめがけて
ジャンプ！

　ある公園の池にかかる橋の欄干は、夜間ライトアップされる。この光に集まる虫を狙って、夜になるとたくさんのクモが欄干に網を張る。あるとき1羽のハシボソガラスがそのことに気がつき、次々とクモを捕食する行動を見せた。クモは、カラスに狙われると糸を出しながら落下して逃げるが、カラスは巧みに捕まえる。時刻は午後7時過ぎで、周囲は真っ暗。本来ならばねぐらで寝ている時間だが、このカラスは状況を判断して、ほかの鳥が気づいていない資源を手に入れることができた。

通行人も気にせず、夢中で捕食していた　© 髙野丈

70

乾き物をしっとりさせて食す

パサパサしていると喉に引っかかる？

カラスは、パンやスナック菓子などの乾いた食べものを得たときは、水に浸けて柔らかくして食べる水浸け行動と呼ばれる習性をもつ。食べやすくするために一工程を加えるこの行動は、まるで調理をするかのようだ。ハシブトガラス、ハシボソガラスのどちらでも見られ、広範囲で普通に行われていることから、生得的な行動と考えられる。ときには、家の庭の池に食べものをつけたままにして水を腐らせてしまい、嫌がらせ事件と勘違いされたり、神社の手水舎で乾いた魚を戻して嫌がられたりすることもある。

公園の水道や池の浅場などで行う　© 髙野丈

ドッグフードは水につけていただくほうが食べやすい　© 清水哲朗

かしこい？ 編

鏡に映った自分を
認識できず、蹴りを入れる

終わることのない闘い

　「鏡に映った姿を自分だとわかること」を鏡像認知という。人以外の動物では、哺乳類のチンパンジーやイルカ、ゾウ、鳥類ではハトとカササギ、魚のホンソメワケベラ、イカまでもがその能力をもつとされる。しかし、同じカラスのなかまであるカササギができるのに、ハシブトガラスやハシボソガラスは鏡像認知ができない。鏡やガラスに自分の姿が映ると、ライバルが接近したと勘違いして追い払おうと攻撃をしかけるのだ。この行動は、ガラスや鏡が多く使われている街なかでよく

起こり、ガラスに何度も執拗にアタックして騒ぎになることもある。かしこいカラスならば、鏡像認知ができてもよさそうだが、自然の中ではふつう自分の姿が映る物がないので、この能力を獲得する機会がないのだろう。ちなみに水鏡に自分の姿が写っても突進することはないという。カラスは水平か垂直かで判断し、水の中からライバルが来ることは不自然であることを理解しているのかもしれない。しかし、同じような条件なのに、なぜカササギにこの能力があるのか不思議である。

鏡像認知できず、執拗に攻撃をしかける　© 中村眞樹子

水平と垂直の中間くらいの角度だが、攻撃対象のようだ　© 髙野丈

車の窓滑り遊び？

じつはカンカンになっています

　鏡像認知ができないカラスが起こす行動が、おかしな方向に解釈されることがある。例えば、カラスは滑り台遊びをするといわれるが、最近あまり見ないステンレス製の滑り台でのみ起きている。鏡像攻撃行動ではないだろうか。写真は、車のリアウインドウに映っている自分の姿へ飛びかかっているのだが、ガラスで滑って遊んでいると思い込む人がいる。カラスは頭がよいというイメージが先行しすぎてしまい、あ

り得ない話が作り上げられ、都市伝説の数々が生まれるのである。

その先に世界は広がっているのか　© 髙野丈

73

それ、やわらかくなるの？

アライグマじゃないんだから

　カラスには乾いた食べもの水に浸す「水浸け行動」があることを紹介したが、捕らえたセミを水に浸けて食べたハシブトガラスの観察例がある。生きたセミを水に浸けてもやわらかくなることはないので、食べやすくするためなのかよくわからない。セミを絶命させるために水に浸けたということも考えられるが、観察者の話ではそこまで長時間浸けていたわけではないそうだ。私はこのような例を

観察したことがなく、セミを捕らえた場合は翅をもぎ取って食べるだけだった。このカラスの場合は、セミを水に浸けても柔らかくならないことを理解できずに、ただ闇雲にやっただけのことなのだろうか。一見、的外れな行動に見えるが、ほかに何か意味があるのかもしれない。また、カラスの水浸け行動の意味はくわしく調べられていないので、今後は実験をくり返すなどの検証が必要であろう。

たしかに翅の質感はパサパサだけど © 清水哲朗

動画から、ボールに穴をあけようと試みていることが見てとれる　© 髙野丈

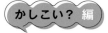

ボール遊びの意味は？

無我夢中で遊んでいるわけではなく、じつはムキになってます

　カラスが軟式テニスボールで遊んでいる
……ように見えるが、じつは採食行動の一環
である。もちろんボールを食べるわけではな
い。くわしく行動を観察したところ、ボール
を執拗に嘴でつつき、破いて中身を取り出そ
うとしていた。似た行動で、サッカーボール
で遊ぶカラスが話題になったことがあった。
動画を見てみると、やはりボールを破ろうと
してつつき、結果としてボールが転がるとい
うことをくり返しているようだった。注目す
べきはどちらもハシボソガラスであること。
ハシボソガラスは、食べ物がありそうなもの
を予想して探索する習性があり、このボール
をつつく行動がまさにそれにあてはまるので
ある。この場合は的外れだったが。

結局、ボールは破れなかった　© 髙野丈

同様の事件は全国各地で起きている

危険！
線路に置き石するカラス

巣を撤去した鉄道会社への報復などという憶測も

　カラス類のほとんどは食べ物を貯蔵し、後で取り出して食べる「貯食」と呼ばれる習性をもつ。森や草原では落ち葉の下や木の穴など、街の中ではパイプの穴、植木鉢の下、ビル屋上の物置の隙間など、さまざまな場所に食べ物を貯蔵する。この貯食の行動が原因で、かつて大きな事件に発展したことがある。カラスが鉄道の線路に置き石をする事件が発生

した。じつはカラスが線路の敷石の下に貯蔵した食べものを取り出すとき、どけた石をたまたま線路の上に置いてしまったために偶然起きた事件だった。だが当初は、カラスの復讐などの憶測が流れた。その後の地道な観察によって、近隣の餌やりで得たパンをカラスが線路に貯蔵することが原因と判明し、餌やりをやめたところ解決した。

石けん泥棒ガラス

じつは大好物です

2000年の冬、千葉県の幼稚園で石けんが盗まれる事件が起きた。園庭の手洗い場にあった石けんが、ひと月で60個もなくなったのである。石けんを入れたネットが引き裂かれていたので、現場を捜査した警察は変質者の犯行だと推定。しかし、防犯カメラを仕掛けたところ、映った犯人はハシブトガラスだった。しかし、なぜカラスが石けんを盗むのか当時は理由がわかっていなかった。そこで東京大学の調査チームが謎解きに挑戦、筆

者も調査に参加した。数十個の石けんに特殊な発信器を埋め込んで追跡調査したところ、近くの森の落ち葉の下などに隠し、ときどき取り出して食べていたことが判明したのだ。石けんはハシブトガラスの好物である油脂が原料なので、カラスは食べ物として利用していたのである。似た事件として、火のついたろうそくをカラスがもち去る例がある。火がついたまま落ち葉の下などに隠すと火災の原因になるので、深刻な問題だ。

ネットを器用に切り裂き、持ち去る　撮影：柴田佳秀

カラスは遊びが大好き？

　カラスは遊びが大好き、とよくいわれる。しかし「遊び」という行動は、科学的に判断するのがじつにやっかいである。遊びを「生きていくのに直接役立たないことを、コストをかけてやること」と定義するとして、役立っているかどうかが断片的な観察ではわからないからだ。要するに「遊んでいるように見える」ことが多いのである。P75 でも紹介したように、遊びとされるカラスの行動を注意深く観察すると、採食や防衛に関わる行動であることがほとんどだ。しかし中には、詳細に観察しても役に立つとは到底思えない行動も見られるので、カラスが遊ぶことはあると考えてよいのだろう。

風乗り遊び。風の強い日に崖の上やビルの屋上などにカラスが集まり、サーフィンを楽しむかのように風に乗る行動。若い鳥が行うことが多いので、繁殖相手を探す行動という説がある。若者のダンスパーティーといったところか。楽しんでいる様子が動画から伝わってくる。© 髙野丈

ぶら下がり遊び。枝や電線、アンテナにとまっているときに、とつぜん逆さまにぶら下がる行動。生きるための特別な意味があるとは思えないため、遊びと考えられている。ハシブトガラス、ハシボソガラス、ミヤマガラスで見られる。© 中村眞樹子

樹上で昼寝中のネコの尻尾をひっぱるハシブトガラス。天敵であるネコを追い払おうとしているのか、からかっているのかわかりにくい。ネコはまったく相手にしていない。遊びのように見えるが、よく見るとネコの毛をむしってくわえているので、巣材集めの一環かもしれない。© 髙野丈

カラスはいったい、
どれくらいかしこいのか

|文・写真|杉田昭栄

古からカラスはかしこい鳥として知られる。
北欧神話では、ワタリガラスのフギン（思考）とムニン（記憶）が
最高神オーディンに仕え、世界中を飛び回って
情報収集の役割を担ったとされる。
我が国では熊野古道で知られる熊野三山に祀られている
導きの神、八咫烏（やたがらす）の話が有名である。

カラスのかしこさは、近年になって科学的に解明されてきた。1990年代から鳥類の脳に関する研究が盛んに行われている。以前、鳥類の脳は知能に関係のない部分が多くを占めていると思われていたが、2000年初めには脳の多くの部分が哺乳類の高度な知能活動を行う大脳皮質に相当することがわかった【図1】。

また人々を驚かせたのは、カレドニアガラスが道具を使って食物を採る行動の発見である（P.64）。それまでは、道具を使う動物はヒトとチンパンジーしかいないと考えられていたが、なんとカラスがそれをこなしていたのである。しかも道具を使うだけでなく、作ったり、改良したりもする。そこで筆者も、身近なカラス、特にハシブトガラスはどんなことができるかの研究を続けてきた。これまで筆者が導き出したカラスのかしこさの一面を紹介したい。

鳥類の脳（左）と人の脳（右）の対比（過去）

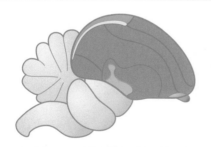

現在の鳥類の脳

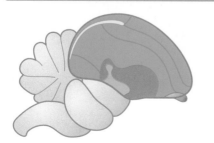

脳室（のうしつ）
淡蒼球（たんそうきゅう）
線条体（せんじょうたい）
大脳皮質（だいのうひしつ）

図1—鳥類の脳の模式図
鳥類の脳は人の脳の中心にある知能に関係ない部分（ピンク色）が膨らんだものと考えられていたが、近年、神経細胞のもつ伝達物質から、鳥類の脳の多くは人の高次機能をもつ大脳皮質（緑色）と同じことがわかった
Jarvis et al.2005.Nature Reviews Neuroscience を改変

人の顔を見分けられる ▶▶▶

　カラスは、人の顔の識別ができるのか？とよく聞かれる。結論からいうと「できる」。筆者はカラスを何年も飼育しているが、いつも世話をしてくれる人が現れると翼を柔らかく上下し喜びを示す。ほかの人ではそうはいかない。服装が替わっても結果は同じであり、明らかに個人を認識している仕草である。

　さらに、生身の人だけでなく、人の顔写真の識別もたやすくできる。

　こんな実験をしてみた。まず筆者と学生Aの真顔、笑い顔、悲しい顔、しかめ顔など6種の変化のある表情の顔写真を撮り【図2】、最初に双方真顔の写真を並べて、学生の顔写真をつつくと餌を取れることを学習させた。学習成立後は、さまざまな表情の2人の写真をランダムに提示しても、カラスは学生の顔写真の器を選ぶのである【図3】。表情の変化の中にも共通性を見出しているようだ。

図2—表情が変わっても、顔写真の識別ができるという実験に用いた各表情変化の写真

図3—表情にかかわらず、学生の顔写真をつつく

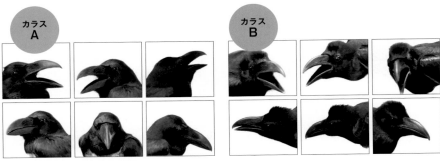

図4—カラスAとカラスBの写真を並べる

図5—カラスAの写真を選ぶ

カラス同士も見分けられる ▶▶▶

同じ発想で、カラス同士の識別はどうかを試みた。人間から見ればカラス類はみな黒く、個体識別も容易ではない。そのカラス同士がそれぞれの個体認識を行っているのだろうか、という極めて素朴な疑問から始めた実験である。

実験方法は人間の顔写真識別とほぼ同じである。カラスAとカラスBの2羽のペアで行う。カラスAの頸より上の写真を前、横、斜めなどさまざまな角度から6アングルほど撮る。同じくカラスBの写真も撮る【図4】。まずは、カラスA、カラスBの正面から撮った写真を並べ、カラスAの写真のふたを破ると餌が得られるようにした【図5】。その結果、カラスはどのような向きであろうがカラスAの写真を選ぶようになった。後からカラスAの別の写真を追加しても判断できた。やはり各画像から共通の情報を一元化して理解していると考えられる。

数の多い・少ないがわかる ▸▸▸

　次に数的概念について調べることにした。これは、人の顔写真と同じように、餌箱のふたにさまざまな数のシンボルをランダムな位置に印刷し、数の多いほうに餌を入れて提示する方法である。シンボルの数は 2 ～ 12 個とし、同じ数でもパターン化した模様として認識されないように、絵柄や配置は不定とした【図 6 ⓑ～ⓓ】。実験は、2 個と 5 個でトレーニングを行った【図 6 ⓐ】。つまり、5 個模

様がついている餌箱に餌を入れ、2 個模様がついたほうは空とした。カラスが 5 個のシンボルの餌箱を選ぶようになったら、組み合わせを 3 個と 5 個、5 個と 8 個というように変えていく【図 6 ⓔ】。

　その結果、カラスはシンボルの数が多いほうを常に選んだ。3 個と 5 個では 5 個、5 個と 8 個では 8 個を選ぶのである。8 対の組み合わせで行い、数の多いほうの選択を行うカラスは、やはり数量の概念がそなわっていると考えられる。

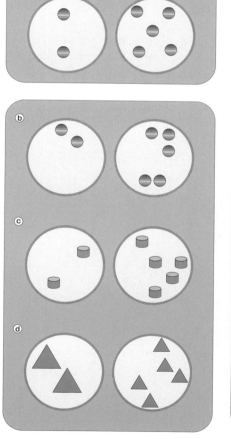

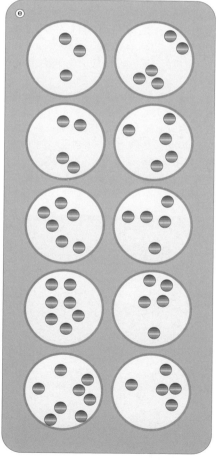

図 6— ⓐを基本とし、パターン化した図形としての認識を避けるため、ⓑ～ⓓは同じ 2 個と 5 個の比較でも絵柄や色、配置や大きさを変えてみた。ⓔは、数も配置もいろいろ変えてみたが、どんな組み合わせでも模様の多いほうを選んだ

学んだことを
1年間は覚えている ▶▶▶

カラスは識別能力や学習能力が高く、その能力を活用して自然の中でたくましく生を営んでいることは想像に難くない。ところで、高い能力を維持するには記憶が大事である。筆者らは、カラスがどれくらいの期間、記憶をもち続けるかについても実験を行った。実験は、カラスを4羽ずつ1か月記憶群、2か月記憶群、3か月記憶群……12か月記憶群として、最長1年間の記憶を確認する設定をした。

方法は、異なった2つの色彩をもつ2種の標識で、1つには餌が入っており、もう1つには餌が入っていないことを学習させた【図7】。

どの記憶群も初日は未経験のため、提示された2種類の標識の相違を理解するのに約3日を要した。こうして、標識の違いを90%の正解で分別できたカラスを何もさせずに飼育して1か月後、2か月後、3か月後……そして12か月後、それぞれの設定期間を経てから同じ実験をしたところ、いずれの実験群

も初日から100%の正解を出す個体が複数いた。これは、カラスが少なくとも12か月間は学習結果を記憶していたことを意味する。

カラスは特定の個人として
ヒトを認識できるか ▶▶▶

p81-82で紹介した実験によって、カラスは写真レベルでは表情の変化に翻弄されず、どんな表情、状態でも特定の人物、個体の写真を認識できることがわかった。ただ、写真も図形であり、表情もパターンの変化として認識しているとも考えられる。

一方、身近なカラスによる被害相談としてくり返しカラスに襲われるとの相談も少なからずある。襲われるのはやはり繁殖期に多いものの、それ以外の時期でもあるという。当事者は、恐らく歓迎されないなんらかの形でカラスとの接触があり、目をつけられているのだろう。話を聞くと、最初に襲われたときの服装をがらっと変えても、襲われるという。そもそもカラスは個人を特定して覚えられるのだろうか。

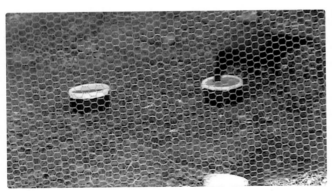

1年後でも迷わず赤・緑をつつく

図7— 赤・緑、黄・青と生活には関係ない2種の配色図形を印として、どちらに餌があるかを記憶させる。覚えたら1年間何もさせずに飼育。1年後いきなり実験再開。すぐに正解の器をつつく

結論からいえば、カラスは個人を特定して認識できる。かつて筆者は身をもって経験したことがある。だいぶ前の話になるが、大学キャンパスのヒマラヤスギに営巣したハシブトガラスのひなが、巣立つ少し前に巣から落ちてしまったので保護した。当然、捕獲する時点では、2羽の親鳥が威嚇の鳴き声を上げながら筆者を攻撃してきた。わが子を守る決死の行動である。その場はなんとか難を逃れたが、その後の数日間は筆者が服装を変えても、巣の近くを通ると親鳥はくり返し攻撃してきたのだ。そこで、試しに何人かの学生に頼んで巣の近くを通ってもらったのだが、親鳥は彼らには攻撃を仕掛けてこなかった。しかし、筆者が再び通ると威嚇してきたのである。つまり、筆者を特定の個人として認識したのだと考える。

ところ変わってアメリカの話。カラスを捕獲して、ある人物にそのカラスを少々いじめてもらい、その後放鳥してカラスと彼の関係がどうなるかを調べた研究がある。いじめを受けたカラスは、加害者であるその人物を見つけると、なんと警戒時の鳴き方をしたのである。そのうえ、危険

情報がなかまにも伝わったのか、その人物に対する警戒がほかの個体にも伝播したと報告されている。やはり、カラスには我々を特定の個人として認識する力があるように考える。また、それがなかまに伝わることもあるようだ。

ハシブトガラスとハシボソガラス、どちらがかしこい？ ▶▶▶

よくハシブトガラス（ブト）とハシボソガラス（ボソ）のどちらがかしこいのかと聞かれるが、走る自動車にクルミを割らせる、高いところから物を放り投げて落下前にキャッチして遊ぶなどの目撃情報は、ボソがほとんどである。

だが、ボソにブトと同じ学習実験をさせると、学習の成立にボソのほうが時間を要する。これはかしこさの差ではなく、性格の差である。ボソは警戒心が強く用心深いため、かんたんにはゲームに乗ってくれないのである。ブトもボソも両者それぞれの生活でかしこさを発揮しており、同じ物差しでは比べられないだろう。彼らがもつ、計りしれない能力に興味をもっていただければ幸いである。

カラスが不吉な鳥に
なった理由

カラスのイメージは、その時代に生きた人々の状況や気持ちに左右されてきた。
はるかな昔は身近にいるかしこい鳥。神の眷属（けんぞく）。
その後しばらくは好意的な目が向けられた。
だが、文明が進み、権力をもつ者が現れると戦争も起こるようになり、
次第にその規模が拡大。当然のように死者が増えた。
人口の増加に伴い、疫病が蔓延（まんえん）することもあった。
地に伏した人間をついばむカラスの姿を見るにつれ、人々の印象は悪化していった。

|文｜細川博昭

雑食で、動物の死体も食べる「スカベンジャー」の顔ももつカラス。

それでも人口が少なかった古代においては、人間が不快に感じる挙動を見ることはあまり多くはなかった。見たとしても原始的な宗教観の中、それもまた自然の一部と考えた。

当時の人々は、カラスの声に漠然とした不安をおぼえることはあっても、不吉さはあまり感じていなかったようである。

神話のカラス、
実話のカラス

カラスを神の眷属（神の使者）とみた神話も多かった。北欧神話の主神オーディンが使役したフギンとムニンというワタリガラスがその代表例である。ギリシア神話の太陽神アポロンの聖鳥とされたのもワタリガラスだ。日本神話には、初代天皇の導き手として「八咫烏（やたがらす）」が登場し、古代中国の神話では太陽の中には三本足のカラスが棲むとされ、存在が神聖視された。

聖書のノアの方舟のエピソードにもカラスが登場する。洪水が去ってきた地上で暮らせ

るかどうかを確認するためにノアが最初に放ったのがワタリガラスだった。だが、ノアのもとには戻ってこなかったため、次いでハトを放つ。これがノアの方舟のハトのエピソードの全貌である。

かしこさがわかる実話も、カラスのよい印象を強めた。そのままでは食べられない硬い木の実を上空から投げ落として割ったり、嘴の届かない壺の水を飲むために中に石を投げ込んで水面を上げて口にした話や、人間の言葉をおぼえて話すカラスがいた話などが、プリニウス（23〜79年）の『博物誌』ほか、ローマ時代の文献に残されている。

イメージ悪化のきっかけは
屍肉食

人類の歴史は戦争の歴史ともいわれる。時代が進む中で、国と国との諍（いさか）いも増え、戦争の規模も大きくなっていった。ヨーロッパでは戦争だけでなく、異民族の侵入もあった。戦争は戦死者を増やしただけでなく、国を疲弊させ、貧困も招いた。

都など、大きな都市に人が集まるようにな

北欧神話を収めた 18 世紀のアイスランドの
写本『SÁM 66』に掲載されている、オーディ
ンの肩に止まるフギンとムニン
出典 ● Safn Stofnunar Árna Magnússonar
í íslenskum fræðum

ノアがハトを放つ場面。方舟の側には最初に放っ
たカラスも描かれている。イタリア・ヴェネツィ
アのサン・マルコ寺院内にある、旧約聖書『創世記』
の物語をとりあげたモザイク画の一つ
出典● OrthodoxWiki

日本でのカラスのイメージ
悪化の時期

　平安時代は優雅な貴族社会というイメージ
とは裏腹に、京の都やその周囲には貧しい者
の暮らしがあり、病気や飢えで死ぬ人間も少
なくなかった。この時代、死者の葬儀は土葬
が中心だったが、貧しい庶民は土葬さえでき
ず「風葬」されることが多かった。

　指定された遺体置き場に死体を運び、野犬
やカラスなどが食べて骨になることを、当時
は「風葬」と呼んでいた。京都には現在、清
水寺南方の「鳥辺野」や、嵐山北西の「化
野」など、「野」がつく地名がいくつかあるが、
ここでいう「野」は平安時代の風葬地の名残
である。

　戦乱や疫病によって大量の死者が出ると、
風葬地には死体が並んだ。人々はそこに群が
るカラスの群れを見ることになった。

　その後、時代の節目節目には大きな戦が起

こり、遺体が散らばる戦場は、風葬地ととも
にカラスにとってのかっこうの餌場となっ
た。その姿は否が応にも多くの人の目に入っ
た。そうした姿を見て気持ちが悪いと感じ、
人間の尊厳を穢す行為と憤るのも人間とし
て自然なことだった。

　長くそうした状況が続いたが、20世紀の
後半には大きな戦争がなくなり、進歩した医
療によって疫病も抑え込まれた。道端の死体
を見ることも、それを食べるカラスを見るこ
とも激減、日本では皆無となった。

　世の中から迷信が減り、一度もそうした光
景を目にせずに育った者が、カラスに不吉さ
を感じることは少ない。子育て中のカラスに
襲われたり、ゴミをあさるカラスの被害に
あって「迷惑」を感じることはあっても、不
吉だとは思わない。現代において、カラスに

カラスが描かれている「九相図（くそうず）」。九相図とは主に美女の死体が朽ちていく9つの段階を描いた仏教絵画で、仏僧の煩悩を断つことを目的に描かれたという。元禄期の画家・英一蝶（はなぶさいっちょう）の作品とされるこの九相図は、小野小町を題材にしている
出典● Wellcome Collection

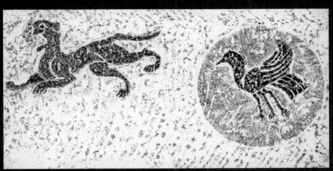

中国の漢王朝時代（前206〜220年）の壁画に描かれた三足烏（さんそく）と呼ばれる三本足のカラス。のちに日本の八咫烏が三本足で描かれるようになったのは、中国の三足烏の影響によるもの。『古事記』や『日本書紀』には、三本足という記述はない
出典● Wikipedia

まつわる不吉さは霧散し、今はただ、ホラー映画の中に名残を留めているように見える。

不吉と感じた
もうひとつの理由

　「カラスが鳴くと死人が出る」というのは社会に蔓延していたイメージに基づいた完全なる俗信だが、「夜、カラスが鳴くと火事が起こる」という言葉には、実は事実、確かな背景もあった。

　野生のカラスも火を恐れるが、持ち前の好奇心と遊び心から、いろいろ試してみることで、燃えている木の枝の熱い部分がどこで、どう持てば火傷をせずに持ち運べるかをすぐに悟ることができた。

　山火事や野焼きで焼け残った、赤く光る木の燃えさしを面白いと感じたカラスが、熱くない部分を嘴にくわえて持ち運び、民家の屋根に落とした話が江戸時代に実話として存在する。また近年では、京都の伏見稲荷において、まだ火のついたロウソクをカラスが持ち去り、それが元になってボヤが起こった事件もあった。

　火事を警戒する人々にとってカラスは、今も変わらず用心すべき相手であり、そういった意味での不吉さは残り続けているともいえる。

※：巻十二に収められた1首「朝烏 早勿鳴 吾背子之 旦開之容儀 見者悲毛（朝烏早くな鳴きそ我が背子が朝あさけ明の姿見れば悲しも）」。

カラスとの共存をめざして
カラスの音声コミュニケーションを利用した対策

| 文・写真 | 塚原直樹

日本では、カラスとヒトの関係が良好とは言えない。
ごみ荒らし、農作物の食害、糞害、営巣による電気事故など、
さまざまな摩擦が生じている。
どうすればカラスとうまくつき合えるのだろう。
ここでは、カラスとの共存をめざしてきた
「CrowLab」の対策を紹介したい

カラス対策グッズに効果はあるか ▶▶▶

　カラス被害の軽減のため、カプサイシンを含む忌避剤、猛禽類の模型、強力な磁石、超音波を発する装置など、世の中にはさまざまな対策品が出回っている。これらはカラスが嫌がることを想定しているが、じつはカラスはカプサイシンを感じにくいし、カラスの可聴範囲に超音波は含まれない。そうした、カラスの生理を無視した物も多いのが現実だ。カラスは警戒心が強く、目新しい物に近づかないため、これらの対策品も置かれれば一時的には被害を軽減するものの、実害がないと見抜かれると、効果はなくなってしまう。

カラスを騙し続ける方法 ▶▶▶

　そこで筆者は、カラスの音声コミュニケーションに着目した。20年以上の研究の結果、カラスの鳴き声をスピーカーから再生することで、カラスの行動をある程度コントロールする技術を確立したのだ。その技術を基に、筆者が代表を務める（株）CrowLabでは、「だまくらカラス」というサービスを提供している。カラスの警戒声などを再生することで、警戒心を煽り、別の場所へと移動を促す方法だ。しかし、慣れにくい傾向にあるものの、同じ音声を使い続ければ必ず慣れてしまう。そこで、慣れたころに新しい音声に交換する

ことで、慣れを解消し、長期的に効果を持続させている。カラスは慣れることを前提とするのが、ほかにないサービスだろう。さらに、警戒声はただ流せばよいのではなく、再生方法にも注意が必要だ。不自然な再生方法は慣れを誘発し、新しい音声に交換しても慣れが解消されない汎化という現象を起こしてしまうからだ。いかにカラスにとって自然に聞こえるかが重要で、そこが本サービスの肝となっている。

　「だまくらカラス」は、果樹園での食害や市街地の糞害、自動車や配送物の汚損など、多くの現場で長期的に被害を軽減することに成功している。しかし、本サービスも万能ではない。カラスの警戒心を煽る対策のため、そもそも警戒心の薄い幼鳥には効果がなく、時期によっては被害を軽減できない場合がある。また、多少危険を冒してでも食べたいほどに魅力的な食べ物がある場合は、効果を発揮しない。

市街地の糞害

「だまくらカラス」の音声を再生した際の様子

　「だまくらカラス」も含め、これらの対策はあくまでも対症療法だ。根本的には、カラスを誘因する要因を減らすことや、物理的な侵入防止策で食べ物をかんたんに入手させないようにするといった対策が必要になる。カラスがヒトの生活に由来する食べ物を入手できなくなれば、自然と個体数も減り、結果としてさまざまな摩擦は解消されるはずだ。

トラブルの絶えない
隣人と付き合うには ▶▶▶

　ヒトも、ある程度はカラスの行動に寛容になる必要があるのかもしれない。筆者が訪れたアメリカのオーバーン市は、「Crow City」と呼ばれるほど、多数のカラスが市街地をねぐらとし、いたるところが糞で真っ白だった。さぞかし住民も困っていて、カラスの印 ↗

↘ 象も悪いのではと想像していた。しかし、「自然のものだから仕方ない、カラスは家族思いでスマートな動物だ」という意見が大半で、その状況を受け入れていた。彼らの態度に、共存のヒントがあると感じた瞬間だった。

　カラスとヒトは、同じ生活圏にすんでいることから、距離をとるのが難しく、トラブルの絶えない隣人同士のような関係かもしれない。しかし、必要な対策を講じた上で、隣人を理解し、ある程度、相手の行動を許容することが、ヒトにできることではないだろうか。

オーバーン市の市街地をねぐらとするカラス

tokoton Crows

人とカラスの
理想的なつき合い方とは

文・写真｜中村眞樹子

カラスは最も身近な鳥にもかかわらず、
誤解と偏見に包まれている不思議な存在。
ここでは、人とカラスの関わりについて考えたい。
日ごろ、NPO の活動でよく受ける相談や、
イベントや講座で多い質問の内容が、
カラスが嫌われる理由を反映している印象がある。
ここにカラスとの理想的なつき合い方を提案し、
ネガティブなイメージが少しでも減ることを願いたい。

カラスと生ゴミ ▶▶▶

　カラスが生ゴミをあさって散らかすのをど
う対策すればよいか、という相談はじつに多
い。カラスの主食は生ゴミだと考える人が多
いが、それは都市伝説だ。もちろん、カラス
が生ゴミをあさることはあるが、それは人間
が生ゴミをきちんと管理していないから。要
するに、カラスがかんたんに食べられる状態
にしているからだ。人間にとっては単なる生
ゴミでも、カラスから見れば「食べ放題の
ビュッフェ」である。

　わたしが活動している札幌では、生ゴミを

出す集積所を「ゴミステーション」と呼ぶ。
カラスは食べ物を目視で探すので、ゴミス
テーションにネットをかけるだけでは丸見え
だ。網目の隙間からつついたり、器用にネッ
トをめくったりして、ゴミを荒らしてしまう。
対策として、ブルーシートやメッシュボック
スを利用して、ゴミをきちんと見えなくすれ
ばカラスは来なくなる。重りを置けばシート
がめくれるのを防げるし、シートの下にポー
ルを巻き付ける方法もある。要はカラスの目
からゴミをしっかり遮断すればよく、人間が
面倒がらずにきっちりと対応すれば解決でき
る問題だ。

管理がずさんだと、荒らされてしまう

見えない、はがせない。完璧な対策

ねらいをつけて、背後から飛んできてかすめ取る。手慣れたものだ

カラスに食べ物を奪われる

　札幌でここ数年増えてきたのは、食べ物が奪われる被害。このときにカラスが見せる行動が、繁殖期の威嚇行動に似ているため、マスコミ報道などでは十把一絡げに「カラスに襲われた」とされてしまう。カラスは食べ物を奪うとき、威嚇行動と同じように低空飛行をするが、目的が違うのだ。この食べ物を奪われる被害で、最も狙われるのはレジ袋。レジ袋を手に持っていると、どこからともなくハシブトガラスが現れ、奪われてしまう。

　なぜ、カラスはレジ袋を奪うようになったのか。確証はないが、カラスに限らず、生きものにパンなどの餌を与える人の多くは、餌をレジ袋から取り出す。学習能力に長けているカラスは、レジ袋の中には食べ物があると覚えたのだろう。また、レジ袋を持っている人に低空飛行をしたら、その人が驚いて袋を放ってしまったということも考えられる。そこで奪えることを学習したのではないだろうか。　きっかけは偶発的だったかもしれないが、頭のよいカラスにとっては新たな採食方法を得たということだろう。食べ物を奪うことも、カラスにとっては生きるために必要な行動だ。

　食べ物を奪われるのは、圧倒的に女性や子どもが多い。なぜかというと、カラスに低空飛行で接近されたとき、驚きと恐怖でほとんどの人が袋を手放してしまうから。これが男性だと袋を手放す人が少なく、奪えないのだ。当然ながらカラスにとっては、できるだけかんたんに奪えたほうがいいので、おのずとターゲットが決まってくるというわけだ。

　公園の背もたれのないベンチなどに座り、食べ物を脇に置いたまま話に花を咲かせてしまうと、カラスに後ろからさっと奪われてしまう。また、買い物した品物をかごに入れたまま、自転車を離れるのもご法度だ。カラスたちは風のように現れて、かごの中の品物を荒らしてしまう。

　野外で食べ物を奪われてしまうのを完璧に防ぐのは正直難しいが、ベンチや芝生で食べる場合などは、食べ物から目を離さずに食べること。あとコンビニから出てきて奪われてしまう場合は、袋をカバンなどに入れてしまうこと。また食べ物を奪われる被害が多発する場所には、注意喚起の看板設置も欠かせない。

（上）品物を自転車のかご
に放置するなど言語道断

（右）目を離したすきに、
さっと奪われる

カラスが襲ってくる ▶▶▶

　カラスに低空飛行されたり、後頭部を蹴られたりと、直接接触をされた人もいるだろう。毎年4～7月の繁殖期は「カラスが襲ってくる」というイメージがすり込まれていて、ただ普通に飛翔しているだけでも、威嚇されたと感じてしまう人も少なくない。食べ物を奪われる被害で狙われるターゲットは女性や子どもが多いが、繁殖期に狙われるターゲットは圧倒的に男性が多い。男性でも高齢になればなるほど襲われやすいようだ。高齢男性に

は、カラスに石や枝を投げつけるといった問題行動を起こす傾向があるからだ。そのような行動はカラスをいたずらに興奮させてしまい、近くを通る人々が「八つ当たり」を受けることにつながってしまう。そもそも、そのような問題行動を起こす人はそう多くないが、長年かけてカラスが「高齢男性＝危険人物」と認識するようになってしまったのかもしれない。

　繁殖期のカラスがひなを守るために近づくものを威嚇するのは、本能なのでやめさせることは不可能。それなら無理に排除するので

（右）低空飛行による威嚇
攻撃。必ず後ろからくる

（下）手を上げていれば、
頭を蹴られない

はなく、人間の方で少し距離を取りたい。カ
ラスをできる限り刺激せずに静観した方が、
威嚇行動が終息するのも早くなるのだ。注意
を喚起する看板の設置や、チラシの配布をど
んどん行うとよい。わたしは、カラスの低空
飛行や後頭部への蹴りを防ぐために、かんた
んで効果がある方法を考案した。それが「両
腕をまっすぐに上げて動かさずに通り過ぎ
る」こと。「バンザイポーズ」とも呼ばれ、
確実に頭部を守ることができる。ただし、両
腕を上げるとカラスが来なくなるということ
ではない。

繁殖期に襲われるという相談を受けたとき
には、可能な限り現地に行って対人反応を確
認する。これを行うとターゲット層が把握で
きる。相談者が一緒のときは、目の前で歩い
てもらうこともある。わたしが歩いて両腕を
上げて見せることもある。こうすることによ
り、相談者にはカラスの動向と取るべき対応
がわかるようになるので、ただ怖いだけでは
なくなる。さらに、担当部署に注意喚起の看
板を設置してもらい、巣立ちまで静観するよ
う促す。すべてがうまくいくわけではないが、
無駄な巣の撤去や殺傷は極力なくしたい。

都市伝説

|文|柴田佳秀

身近な鳥だけに、カラスにまつわることわざや迷信は昔からたくさんある。とくに黒い羽色や死体を食べるイメージから、不吉の象徴とされることが多い。たとえば「屋根でカラスが鳴くと、その家に死人がでる」という迷信がそうだ。でも、身近な鳥という理由だったら、スズメやハトだって都市伝説がたくさんあってもよさそうだが、聞いたことがない。いったいスズメやハトとカラスでは何が違うのか。それは頭のできである。

「カラスはかしこい」これは全人類の常識。たしかにカラスには、感心するほどの知的な行動が見られる。でも、これがよろしくない。頭がよい鳥というイメージが一人歩きして、まさかと思うことでも「カラスならそれくらいはやるだろう」と鵜呑みにされてしまう。こうして話に尾ひれがつき、奇想天外なストーリーのカラス都市伝説が誕生するのである。

> **伝説 1** カラスにお金を渡すと、
> 自動販売機で食べ物を買う!?

イラスト：いいだかずみ

　飼育して訓練すれば、できないことはないと思う。でも、野生の個体はそんなことをしないし、まずお金を手に入れること自体が難しい。噂の発端はあるテレビ番組。カラスが神社のお賽銭を盗み、ハトの餌の自動販売機に硬貨を入れて買う再現映像が放送された。

もちろんこれは作り話。カラスは賽銭箱から小銭を盗むことなどできないし、自動販売機に硬貨を入れるには、とまるところがないと不可能。カラスはホバリング（素早く羽ばたいて空中の1点にとどまる飛翔）が苦手なので、困難だ。

伝説2　カラスの死骸は どこにも見あたらない……

死骸を見かけることもある　© 髙野丈

カラスは不死身ではない。死骸はまれに林の中などで見つかる。近くにねぐらがあるなら、見つかる頻度は高くなる。街なかで死ぬと死骸はすぐに片付けられてしまうだろうし、死骸を食べる生きものによって運ばれてしまうことも考えられる。そもそもカラスに限らず、都市の日常生活で鳥の死骸に出あうことなど滅多にないだろう。

伝説3　カラスは ねずみ算式に増えてしまう！？

そんな、かんたんじゃないのよ　© 髙野丈

カラスをたくさん見かけると、どんどん増えているからだと思い込んでしまう人もいる。カラスの繁殖期は3〜7月で、繁殖は1年に1回だけ。もちろん、すべてのひなが順調に巣立つとは限らない。カラスだって子育てには苦労しているのだ。

都市伝説

カラスが騒ぐと
地震が起こる！？

人よりも早く初期微動を感じて驚いて飛び立つことはある。カラスと地震を結びつける噂話は多くあるが、鳥が地震を予知することはおそらくないだろう。なぜなら、飛べば命を落とすことはないからだ。

東京のカラスは
進化している！？

よくマスメディアが使いたがる説で、まったくの思い込み。何をもって進化と判断するのかも不明だ。東京のカラスは地方のカラスとなんら変わりはない。

光るものが
好き、嫌い

わたしが観察した巣に光るものがあったことは一度もない。シートン動物記に光るものを集める話があり、これが一般化されてしまったのだろう。反対に光るものを嫌うという説もあり、よくCDがぶら下げてあるのはそのため。しかし輝きは関係なく、ゆらゆらと不規則に動く得体の知れないものなので、一時的に警戒するだけ。慣れると効果はなくなる。

カラスには
黄色が見えない、嫌い？

色は関係ないようだ　© 中村眞樹子

鳥類の視力・色覚は人間をはるかに上回るほどよい。もちろん黄色は見えるし、特に嫌いということもない。黄色のごみ袋もくわえるし、黄色いネットにも躊躇なく乗る。カラスに荒らされないという、特殊加工が施されたごみ袋が話題になったとき、袋が黄色だったので勘違いされ、都市伝説化した。

伝説8　カラスは目をつついて攻撃する !?

必ず後ろからくる　© 中村眞樹子

　カラスの攻撃は足で蹴るのが基本。人の頭にとまってつついたら捕まってしまう。飛びながら嘴でつつく手もあるが、カラスはホバリングが不得手なので無理。人を威嚇するときは、必ず後ろから。正面から目を狙うと、返り討ちにあう可能性があるのでそんなことはしない。目が合うとカラスは攻撃どころか逃げていく。

伝説10　協力してゴミネットをもち上げる

　そんなに民主的な暮らしをカラスはしていない。食べ物にありつこうと必死にネットをもち上げることがあり、その行動がたまたま数羽で同調すると、力を合わせているように見える。

伝説9　屋根でカラスが鳴くと、その家で死人が出る……

　これが本当なら、東京では相当な数の人が亡くなることになる。のどかな田舎などで葬式に人が集まると、カラスが食べ物を探しにその家に飛来するかもしれない。そこで鳴くと、勘違いされることも。

伝説11　ひとたび目をつけられると、どこまでも追われる !?

イラスト：いいだかずみ

　会社の窓から外を見たら、カラスがこちらをにらんでいたという話はよく聞く。カラスが防衛するのは巣の周り限定の行動で、そんなに遠くまで深追いしたらひなを置いてきぼりにすることになる。カラスに襲われた人は被害妄想になりがちなので、別のカラスを見ても自分を攻撃したカラスだと思い込んでしまう。

　カラスと人との付き合いがこれからも長く続くことは間違いないので、今後もカラスの都市伝説は、さらに増え続けることだろう。きっと、あっと驚く珍説が出てくるに違いない。こういう話も含め、やっぱりカラスの研究はおもしろくてやめられない。

カラスの撮り方、教えます

｜文・写真｜清水哲朗

「人がファインダー越しにカラスを見ているとき、
カラスもまた、人を観察しているのだ」──そんな言葉があるかは別として、
カラスの撮影はひと筋縄ではいかないもの。
撮影自体はできても、印象的な写真となるとお手上げです。
ここでは本書のグラビアでカラスのさまざまな表情を伝えてくれた清水さんに、
カラス撮影の極意を教えてもらいます。

レンズを向けるとすぐに逃げる、近づけない、襲われそう──身近にいる鳥なのに写真撮影は難しいといわれるのがカラスです。眼がよく、周囲の行動を観察して危険を察知したら大声でわめくだけでなく、近くにいる別のカラスが撮影者の動きを感知して「カーカー」「ギャーギャー」とわめきたてることもあります。さらに繁華街でカラスを撮影するときには、人間の目も気になるため、ある種の"覚悟"が必要です。でもそれらは慣れの問題で、カラスの生態や行動時間、加えて各個体の性格を見抜く力があれば、近距離での撮影も可能になります。

▶ 1. とまり木的なものと背景を絡めると街や地域性が出せる
OM SYSTEM OM-1/M.ZUIKO DIGITAL ED 12-40mm F2.8 PRO II
f4.5　1/800　ISO3200

撮影に適した時間はありますか。

カラス撮影のゴールデンタイムは早朝です【写真 1】。繁華街では、日の出 30 分前にはカラスが街なかにやってきて、ゴミ集積所を見下ろせる街灯や電柱、看板といった高所にとまります。ねぐらから 2 〜 4 羽で飛んでくることが多く、街なかでほかのグループと合流し、食事開始までしばらく周囲を確認しています【写真 2】。食事が始まれば地上近くでの行動時間が長くなるため、ゴミ収集車が来るまではカラスと同じ目線の高さで撮影が楽しめます【写真 3】。近距離なので焦点距離は広角〜 200mm くらいあれば十分。500mm 以上の超望遠レンズでクローズアップ撮影してもおもしろいですが、撮影は基本手持ちなので、ブレが怖い人は一脚などを使いましょう。お腹が満たされるとカラスは高所でくつろいだり、食べ物を貯蔵しにいったり、別の場所に移動したりするので早朝の撮影は終了です。その後のカラスは各々自由に過ごすため、早朝以外にカラスと同じ目線で撮るには夕方のねぐら入り前の水浴びか、行きあたりばったりで狙うしかありません。なお、冬場は日の出時刻が遅いため、朝が弱い人や電車で移動する人にはおすすめの撮影時期です。

▲ 2. あわてず、静かにレンズを向けることが大事
OM SYSTEM OM-1/M.ZUIKO DIGITAL ED 40-150mm F2.8 PRO
f3.2　1/640 ISO1600

◀ 3. カラスが集団でいるときは近くに食べ物があるサイン
OM SYSTEM OM-1 ／ M.ZUIKO DIGITAL ED 40-150mm F2.8 PRO
f3.5　1/640 ISO1600

▲ 4. 食べ物目がけて降りたつときは、高速連写で羽ばたきを狙う
OM SYSTEM OM-1 ／ M.ZUIKO DIGITAL ED 300mm F4.0 IS PRO　f4.0　1/1000　ISO3200

 失敗写真を量産してしまいます。

　「暗い、黒い、低コントラスト」の撮影条件はカメラが最も苦手としているため、AF（オートフォーカス）ではピントが甘かったり、合わなかったりする可能性が高まります。対応策はカメラのメーカーや使用機種によってまちまちですが、その場でできる対応としては「数撃ちゃ当たる作戦」か MF（マニュアルフォーカス）撮影に切り替えるのが無難です。また、暗い時間帯や場所では手ブレや

被写体ブレのおそれもあります。手ブレはカメラやレンズの手ぶれ補正機構や、高感度（ISO）設定でシャッター速度を稼げばある程度は対応できます。一方、被写体ブレはカラスの動きに適応するシャッター速度を確保、選択しなければならず、例えば飛翔シーンを狙いたい人は「大口径レンズ、高感度設定、高速シャッター（1/1000 秒以上）」は必須です【写真4】。

❓ レンズを向けるとカラスに逃げられるのですが、対策はありますか。

　カラスでなくても、いきなりレンズを向けられれば誰だって驚きます。カラスは元来、ビビリな性格のため「あなたのことを撮るんじゃないからね」と、ほかの被写体にレンズを向けるワンクッションを置いてから、ゆっくりとフレームインさせましょう。そこで逃げるようであれば、深追いせずにあきらめます。ファインダー越しに目が合っても大丈夫なカラスは、撮影させてくれる可能性が高いです。頸をかしげたり、こちらの様子をうかがったり、自分の行動を続けたりしているのであれば、数枚撮影してみます（シャッター音に驚く個体もいるので、無音や静音が設定できる場合は事前に切り替えましょう）。ここまでしても逃げないカラスなら、自身が危険だと感じる距離に人が近づくまでは逃げない大胆さをもっているので、さらに踏み込んだ撮影ができるでしょう【写真5】。

▶ 5. 強い相手がいたり、思い通りにいかないときにはギャーギャーわめく
OM SYSTEM OM-D E-M1X ／ M.ZUIKO DIGITAL ED 40-150mm F2.8 PRO
f3.2　1/125
ISO3200

103

豊かな表情を狙いたいのですが、何かコツはありますか。

　観察をくり返すのはもちろんですが、カラスとの接し方に慣れると「ビビりなのに好奇心旺盛」という性格を利用しながら、こちらから仕掛け、多彩な表情や行動を引き出すこともあります【写真6-7】。例えば、カラスと目が合った瞬間に撮影者は物陰に隠れます。こちらが気になったカラスは横に頸を伸ばして様子をうかがったり、見える位置まで移動してきます。撮影者はまた、ちょっとだけカラスと目を合わせたり、写真を数枚撮っ

たりして隠れます。するとカラスがまた頸を伸ばしたり、見える位置まで移動します。このやりとりをくり返しながら、表情の変化を狙うのです。カラスが食事中の場合、カラスが頭を下げてゴミ袋などで互いが見えなくなっている間に「だるまさんがころんだ」の要領で徐々に距離をつめていくと、カラスは「こんなに近かったかな？」と疑心を抱いた表情を浮かべながら食事をするので狙い目です。

▶ 6. 色鮮やかな看板を背景に選ぶと、個性的なポートレートに
OM SYSTEM OM-D E-M1X ／ M.ZUIKO DIGITAL ED 40–150mm F2.8 PRO
f2.8　1/400 ISO1600

▲ 7. 感情が態度に出るときは、絶好のシャッターチャンス
OM SYSTEM OM-D E-M1X ／ M.ZUIKO DIGITAL ED
300mm F4.0 IS PRO
f5.6　1/250　ISO1600

カラスの SOS ! 対応 Q & A

身近な鳥であるだけに、
道端で子ガラスがうずくまっているところに出くわすこともあるかもしれない。
そんなときの対処法を知っておこう。

Q 1： 道にうずくまっているカラスがいます！
どうしたらいいですか？

A 初夏はカラスの子育ての季節です。親鳥はひながまだ飛べない状態であって
も巣立ちを急ぐことがあり、飛べないひなが地面にいることがあります。し
かし、この間にも親鳥から給餌を受けているため、ひなに怪我がなければ手助けする
必要はありません。交通事故にあうなどの危険があれば、近くの木の枝など安全な場
所に移動させるとよいでしょう。もし健康なひなを誤って保護してしまった場合でも、
保護して数日であれば親鳥の元に戻すことも可能です。

Q2: 怪我をしたカラスを助けました。
元気になったら放鳥してあげたいのですが、
どうしたらいいでしょう？

A 放鳥するには「十分に飛ぶことができること」および、「自力で餌を採ることができること」が最低限の条件になります。しかし、ひなから人に育てられたカラスは飼い主に依存するため、そのような状態では放鳥が難しくなります。その場合は、徐々に自然界に慣れさせたうえで、野外にカラスの食べ物となる昆虫などが多い夏から初秋までに放鳥するとよいでしょう。

Q3: 助けたカラスは怪我をしていて、
もう飛ぶことができないようです。
こうした場合は飼育してもよいのでしょうか？
届出が必要なのでしょうか？

A 鳥獣保護管理法の指針には傷病救護に関することが記載されていますが、実際にはカラスの傷病救護を認める自治体はほとんどありません。そのため、役所に傷病救護を申請しても受け付けてもらえることは稀です。一方、野鳥を飼育するには役所での飼養登録が必要であり、それを怠ると「無登録飼養」いわゆる違法飼育となります。しかし、カラスは狩猟鳥獣に指定されているため、飼養登録の対象ではありません。そのため、カラスを飼っていること自体は罪に問えない、というのが現行の法解釈となっています。

保護したカラスへの給餌。保護されるカラスは、数日間何も食べておらず、衰弱していることが多い

Q 4: 保護したカラスを飼うことで想定される
トラブルはありますか？

A ひなから育てたカラスは人によく馴れますが、そうであっても野生動物です。特にハシブトガラスは鳴き声が大きく、個体によっては興奮して鳴き続けることもあります。そのため、住宅密集地では鳴き声が問題になることもあります。また、カラスに限らず多くの野鳥は病原体をもっているので注意が必要ですが、鳥類の病原体は人間に直接感染しないものが多いです。しかし鳥同士では容易に感染するので、すでに飼い鳥がいる場合はカラスの隔離と検査が必要です。

室内小屋の例

排泄物の処理がかんたんにできるような工夫が必要だ

市販品で大柄なカラスの飼育ケージを購入するのは難しいため、自作することになる。室内ケージの例。換気扇、窓、エアコンがそろっていることが条件になる

Q 5: やむなく、カラスを保護することになりました。室内でしか飼えませんが、どんな備えが必要でしょうか?

A 基本的には一般的な飼い鳥と同様に飼育ケージを用意して、日光浴や水浴びをさせ、時々は室内に放して遊ばせます。しかし、間近で見るカラスは想像以上に大きく、存在感があります。飛べないカラスであっても落ち着きなく活発に動き回るため、広いケージが必要になります。最も苦労するのが排泄物の対策です。カラスはところかまわず頻繁に排泄し、犬や猫のようにはいきません。そのため、排泄物の掃除を効率的におこなえるような工夫が重要です。

Column

カラスを保護するということ

街に暮らす我々にとって、カラスは最も身近な野生動物です。そのため、街なかで怪我をして保護されることも多いです。一方で、以前から街にカラスが増えすぎて迷惑を被る人々の声は絶えず、社会問題となっています。そのため、カラスは定期的に駆除される「害鳥」という扱いになってしまいました。そのような視点でみると、怪我をしたカラスを保護する必要などまったくありません。それでも、怪我をしたカラスを保護する人はたくさんいます。実際にその人たちの話を聞いてみると、意外にも、多くはそれまでカラスに何の興味もなかったというのです。そのような人が偶然にも傷ついたカラスと出会い、消えゆきそうな命を前に衝動的に手を差し伸べているのです。それは、人間の都合によって動物の命を選別するような価値観ではなく、本来、人間がもっているはずの良心であり、尊重するべきだと思っています。

筆者が保護している 2012 年生まれのハシブトガラス。翼の関節を骨折しており、動物病院で手術を受けるが元通りにはならず、二度と飛べなくなった

カラスの羽ペンの作り方

道端を歩いていると見かけるカラスの羽。
大きくてきれいな羽を拾ったとき、
そのまま集めるのもいいけれど、飾る以外のことをしてみたい。
さまざまな草花遊びを研究する相澤さんと一緒に
草花遊びをしながら、カラスの羽で羽ペンを作ってみた。

道具と材料

❶ カラスの羽（風切羽などの大きな羽）
❷ ハサミ
❸ カッター
❹ 試し書き用紙
❺ 木の実（桑の実）やインク
❻ エノコログサ（爪楊枝や園芸用の柔らかい針金でも可）

羽が汚れているときは

羽が汚れていたり、そのまま使うのが気になるときは中性洗剤でやさしく洗い、ドライヤーなどで乾かそう。乾いたら、根気よく羽の向きを整える。重なっているところは筆を使ってなでるようにするとほぐれやすい。

文・写真 ● BIRDER
協力 ● 相澤悦子

羽ペンを作ろう！

1⋯⋯まずは羽を持ってみて、ペン先の向きを確認しよう。羽の軸が手に沿うように持つと書きやすく、見た目も美しい。ペン先は自分から見て向こう側になるので、手前側をそぎ落とす。カラスの羽の軸は楕円形になっている。いちばん高い山の部分をそぎ落とすようにして、反対側をペン先にするのがおすすめ。ペン先が磨り減ったとき、また削って使えるようになるべく下のほうを切るようにしよう。

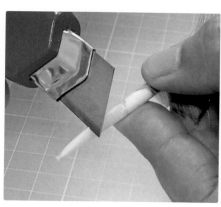

2⋯⋯ペン先にしたい部分を残して、斜めにそぎ落とす。カッターを使うので、怪我に注意！ 必ず刃を体から離し、指を切らないようにしよう。

3……軸の中は空洞のように見えるが、中には細かい柱のようなものがあるので取り除く。掻き出すときに便利だったのがなんとエノコログサの茎。爪楊枝や針金でも掻き出せるが、硬いもので取り除く場合は軸の内側を傷つけないようにやさしく扱おう。

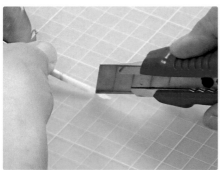

赤線がカットした部分。①先端をまっすぐ横にカットし、②真ん中に切り込みを入れ、③両サイドを斜めにカットして先端の細さを調節する

4……軸の先端は硬すぎるので、まっすぐ横に切り落とす。次に、インクの通り道になるペン先の中心に縦に切り込みを入れたら、両サイドを整える。このとき、先端を太くするとカリグラフィー※に向いたペンになる。自分でカスタマイズできるのも羽ペンの楽しいところ。

※カリグラフィー：文字を美しく見せる手法。先端が平たいペンを用いる書体がある

羽ペンで書いてみよう

街路樹や庭木として植わっていることもある桑の実をインクがわりにしてみた。その場で書くだけなら、桑の実なら直接ペン先を突き刺して汁を付けるだけでも文字が書ける。

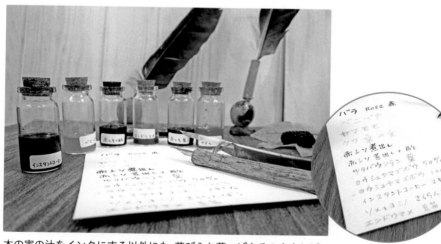

木の実の汁をインクにする以外にも、花びらか葉っぱをそのまましぼってもインクになる。例えば、赤シソは煮出すと青紫っぽいインクになるが、煮出して酢を加えると、液体のときは赤紫色なのに、文字を書いて乾かすと青緑に変化する。家庭でいちばん用意しやすいのはインスタントコーヒー。温かみのある茶色がかわいい。

完成！

かっこいい羽を拾ったら
ぜひお試しあれ！

アレンジ！アジサイ軸の羽ペン

見つけた羽の軸がボロボロだったり、羽が小さすぎるときは持ち手になる軸を作れば、ちょっと変わったペンとして使える。今回は軸がボロボロのハシボソガラスの羽と、カラスのなかまであるオナガの羽でペンを作ってみた。

道具と材料

❶ カラスの羽（大きさ自由）
❷ アジサイの枝（直径1mm くらい）
❸ つまようじ（竹串でも可）
❹ ペン先
❺ 剪定バサミ
❻ 試し書き用紙
❼ 木の実（桑の実）やインク

軸がボロボロのハシボソガラスの羽

オナガの羽

1……アジサイの枝は、中がスポンジのようになっている。ペン先はゆるく湾曲しているので、曲線がぴったり合う太さの枝を選ぼう。選んだら、そのままペン先を差しこもう。

2……ペン先の反対側につまようじなどを使って穴を開け、羽の軸を差し込んだらできあがり！

＼完成！／

持ちやすい
ペンになった！

神社で見られる
カラスたち

カラス、あるいは八咫烏は神社の授与品のモチーフになっていることもある。持ち歩きたくなる授与品を集めてみた

熊野本宮大社

● 和歌山県田辺市本宮町本宮
● 参拝時間　8：00 ～ 17：00

▲葉書として投函できる八咫烏ポスト絵馬を授与している。投函する際は、「出発の地より心をこめて熊野本宮」というスタンプを社務所で押印できる

▼八咫烏ポスト。社務所前にある、多羅葉（たらよう）のご神木の下に、黒いポストが設置されている。多羅葉の木は、葉の裏に爪などで文字を書いていたことが葉書の語源となり「葉書の木」「手紙の木」とも呼ばれている

熊野三山とは？

熊野本宮大社、熊野速玉大社、熊野那智大社を合わせて熊野三山という。奈良～平安時代にかけて熊野は仏教・密教・修験道の聖地ともなり、神＝仏であるという考え方が広まったことで、影響を受けた三山は結びつきを深め、同じ12柱の神々（＝仏たち）を祠るようになっていった。平安時代の末には「浄土への入り口」として多くの皇族や貴族が参詣するようになったが、浄土へお参りし、帰ってくるということは、死と再生を意味する。そのため熊野三山は「よみがえりの聖地」として、今なお多くの人々の信仰を集めている。

なぜカラスを信仰しているの？

授与品に描かれているカラスは足が3本ある八咫烏だ。八咫烏は、日本書紀・古事記の「神武東征」という物語に登場する。これは神武天皇が、宮崎県（日向）から奈良県（橿原）に都を移し、大和朝廷を開いて初代天皇に即位するまでを描いた物語で、神武天皇が熊野に到着されたとき、神の使者である八咫烏が大和の橿原まで道案内をしたというエピソードから、熊野三山に共通する「導きの神鳥」として信仰されるようになった。

▶熊野牛王神符。俗に「オカラスさん」とも呼ばれる熊野牛王神符（牛王宝印）は、カラス文字で書かれた熊野三山（本宮・新宮・那智各大社）特有の御神符だ。デザインは各大社によって異なる

▲御朱印帳。八咫烏が描かれている

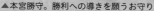

▲本宮勝守。勝利への導きを願うお守り

▲八咫烏牛王扇。熊野牛王神符をあしらった扇子

新宿十二社 熊野神社

東京に熊野神社？

十二社熊野神社は、室町時代の応永年間（1394〜1428）に中野長者と呼ばれた鈴木九郎が、故郷である紀州の熊野三山より十二所権現をうつし祠ったものと伝えられている。江戸時代には、熊野十二所権現社と呼ばれ、享保年間（1716〜1735）には八代将軍吉宗が鷹狩を機会に参拝するようになり、滝や池を擁した周辺の風致は江戸西郊の景勝地として賑わい、文人墨客も多数訪れた。明治維新後は、現在の櫛御気野大神・伊邪奈美大神を祭神とし、熊野神社と改称し現在に至る。氏子町の範囲は、西新宿ならびに新宿駅周辺及び歌舞伎町を含む地域で、新宿の総鎮守となっている。

● 東京都新宿区西新宿 2-11-2
● 社務所営業時間 9：00〜16：30

▶交通安全のステッカー。八咫烏は導きのエピソードから、交通安全にも通じる

▲提灯にも八咫烏が描かれている

◀厄除け守

◀神社守。安全に導くことは、健康にも通じるため、健康祈願にも八咫烏があしらわれている

▲カード守

◀やたがらす守。
きょろっとした目
がかわいらしい

▲絵馬。新宿十二社　熊野神社の八咫
烏はスリムでかっこいい印象だ

飛行神社

● 京都府八幡市八幡土井 44
● 参拝時間　9：00〜16：30

「カラス型飛行器」と飛行神社

飛行神社を創建したのは、日本人として最初のゴム動力によるカラス型飛行器の飛行に成功した愛媛県八幡浜出身の二宮忠八氏だ。日清戦争の戦場で人が乗れる軍用機の開発をめざすも却下され、自力での研究開発に勤しむ間にアメリカのライト兄弟が飛行機を完成させ、飛行機の開発を断念。その後、飛行機による犠牲者が多くみられるようになったことを知った忠八は、同じ飛行機を志した人間としてこれを見すごすことはできないと、その霊を慰めるために大正4年に八幡（現在地）の自邸内に私財を投じて飛行神社を創建し、航空安全と航空事業の発展を祈願した。

▶合格祈願の絵馬。描かれているのはカラス型飛行器。二宮忠八氏は、鳥が飛ぶ様子から着想を得て、この飛行器を制作した

◀フライトタグ守。大（16.5ｃｍ×3ｃ
ｍ）小（9.8ｃｍ×1.85ｃｍ）の2種類、
黒・青・赤の三色ある。表面はカラス紋
と航空安全守と書かれており、裏面は滑
走路がデザインされている。空の安全を
願う、飛行神社らしい授与品だ

カラス屋のイチオシ！
カラスグッズ

カラス観察や撮影も楽しいけど、お気に入りのカラスグッズを愛用したり、集めたりするのも楽しみ方の一つ。本書に寄稿してくれた「カラス屋」のみなさんに、とっておきのイチオシカラスグッズを紹介していただきました。

大國魂神社の からす団扇

柴田佳秀さん

カラスは嫌われがちですが、この団扇は大人気。大國魂神社（東京都府中市）で毎年7月20日に行われるすもも祭で頒布されるのですが、求める人で行列ができます。厄除けとしてたいへん御利益があるとされ、わたしは外出するときに必ずひと扇ぎしてから玄関を出ます。

大國魂神社の 「からすみくじ」

細川博昭さん

「からす団扇」、「からす扇子」で有名な大國魂神社の御神籤「からすみくじ」。7月のすもも祭で、「絶対に自分を選びなさい」と強い目力で訴えてきたカラスがこの子でした。

世界でたった一つの 「ハシブトガラスのひな」

中村眞樹子さん

わたしが最も気に入っているカラスグッズは、羊毛フェルトやイラストで活躍している知人の作家「lynx」さんの作品（羊毛フェルト製）です。カラスをこよなく愛し、傷病鳥の保護にも取り組むなど、生態を知っている作家が作った作品には、まるで命が吹き込まれているかのようです。

木彫りのカラス

松原 始さん

以前、知り合いがくれたカラスの木彫り。スウェーデンの作家の作品とのこと。ごくシンプルなのにちゃんとカラスなところが気に入っている。大と小があるが、小さいほうがひなっぽくてかわいい。

カラスの模型

相澤悦子さん

私の作業部屋には原寸大のカラスの模型があります。かしこいカラスをお供にするのが子どものころからの夢なのですが、現実では難しいので気分だけでも。神話などで太陽と結びつくことが多いので、太陽の飾りのそばに飾っています。

ヒサクニヒコさんの お祝いのハガキ

清水哲朗さん

結婚報告をした際に、漫画家のヒサクニヒコさんからいただいたもので、とても大切にしています。

「Crow City Roasters」の コーヒー豆

塚原直樹さん

10万羽ものカラスが市街地をねぐらとするアメリカのニューヨーク州オーバーン市。「Crow City」の異名をもつ街にあるコーヒーショップ「Crow City Roasters」のコーヒー豆。カラスのエキスは入っていない。

カラスファンのためのブックガイド

カラスについてもっと知りたい、
カラスが登場するものが知りたい人に向けた、
おすすめブックガイド。

構成 ● BIRDER

読み物

『カラスの教科書』（2012年）　『カラスの補習授業』（2015年）
◎松原始＝著
すべて定価 1,760 円（税込み）雷鳥社

カラスの研究ひとすじの松原始先生による、ユーモア溢れるカラス解説のベストセラー。まだ読んだことがなければ、ぜひ一度読んでみてほしい。きっと松原ワールドに引き込まれるはずだ。『カラスの教科書』は講談社から文庫版も発売中。

『にっぽんのカラス』（2018年）
『にっぽんカラス遊戯 スーパービジュアル版』（2022年）
◎松原始＝著／宮本桂＝写真
『にっぽんのカラス』定価 1,760 円，『にっぽんカラス遊戯』定価 1650 円（いずれも税込み）　KANZEN

写真をたくさん見たい！という人には『にっぽんのカラス』や『にっぽんカラス遊戯 スーパービジュアル版』がおすすめ。松原始先生の軽快な文章に加え、身近な鳥をテーマにすることが多い宮本桂さんによる写真がとにかく豊富で、眺めていても楽しい本だ。

『ニュースなカラス、観察奮闘記』(2021 年)

◎樋口広芳 = 著
定価 1,760 円（税込み）文一総合出版

自分で水道の栓を回して水を飲む「水道ガラス」がいる!? 天才的なカラスの驚きの知恵とは!? カラスの観察は 50 年以上になる鳥類学者の樋口広芳先生によるカラス観察記。「車利用ガラス」「置き石ガラス」「石鹸ガラス」「ろうそくガラス」など、これまでの「ニュースなカラス」の事件簿もくわしく紹介！

『もっとディープに！カラス学』(2021 年)

◎杉田昭栄 = 著
定価 1,980 円（税込み）緑書房

カラスについて、さらに深く知りたい人におすすめ。体の構造や高い知能について、最新の知見を紹介している。「頭がよくて、いたずら者。そして、ちょっと困ったお隣さん」の体と心の不思議にせまる本。

『カラスをだます』
(2021 年)

◎塚原直樹 = 著
定価 935 円（税込み）NHK 出版

「カラスとの真剣勝負」半生記！ 本書でカラスの鳴き声や、カラスを上手に騙す方法が気になった人には、塚原さんがカラス研究と対策に奔走した 18 年間をまとめたこの本がおすすめ！

『なんでそうなの　札幌のカラス』(2017 年)
『なるほどそうだね　札幌のカラス 2』(2018 年)
『やっぱりそうでしょ　札幌のカラス 3』(2020 年)

◎中村眞樹子 = 著
すべて定価 1,540 円（税込み）北海道新聞社

札幌のカラスを観察し続けている中村眞樹子さんによるシリーズ。漫画やイラストを交えながらユニークにカラスの疑問について答えたり、カラスの行動をつづった本。困りごとの相談への答えも多いので、カラスとの付き合い方に悩んでいる人も一読の価値あり！

『トウキョウカラス』

（2023 年）

◎清水哲朗 ＝ 著
定価 10,560 円（税込み）ulus publishing

この本のカバーや巻頭のグラビア（4 〜 13 ページ）を飾っ
た写真家、清水哲朗氏の写真集。コロナ禍の都内で 200
日以上に渡りカラスの生態を撮影したネイチャードキュ
メンタリー。愛ある眼差しでとらえたカラスたちの表情
や生きざまは必見。

『鳥博士と天才カラス』（2022 年）

◎樋口広芳 ＝ 著 / おおたぐろまり ＝ 絵
定価 1,980 円（税込み）文一総合出版

『ニュースなカラス、観察奮闘記』の中でも
紹介した、水道の栓を回すカラス「グミ」を
観察したエピソードを、おおたぐろまりさん
の優しい絵で絵本にした本。お子さんはもち
ろん、「水道ガラス」の詳しい話を知りたい
人にもおすすめしたい。

『カラスのいいぶん
人と生きることをえらんだ鳥』

（2020 年）

◎嶋田泰子 ＝ 著 / 岡本順 ＝ 絵
定価 1,320 円（税込み）童心社

リアルながら、柔らかい鉛筆の線があたたか
みを感じさせる絵と、ユーモラスな書き口で
語られる科学絵本。絵本ではあるが、小学校
中学年くらいの内容で、もちろん大人が読
んでもわかり
やすく、家に
置いておきた
くなる本だ。

『カラスのジョーシキってなんだ？』(2018年)

◎柴田佳秀＝著／マツダユカ＝絵

定価 1,980 円（税込み）子どもの未来社

小学生でも一人でカラスの本を読みたい子におすすめしたいのがこの本。ハシブトガラスのカーキチが、人間とはちがったカラスのジョーシキを教えてくれる。コミカルなイラストは漫画家でもあるマツダユカさんが担当していて、読んでいて飽きない楽しさがある。

『BIRDER』

2016 年 9 月号
「カラス類大百科」

2021 年 2 月号
「カラスの知られざる世界」

※電子版のみ販売中

定価 880 円（税込み）

文一総合出版

日本で唯一のバードウォッチング専門誌『BIRDER』による、身近なカラスをテーマにした号。紙版は品切れで、電子版のみの販売。ここでしか見られないカラスのグラビアなども収録している、マニア必見の号だ。

▶ p4 〜 13　ハシブトガラスのグラビア /p100 〜 105「カラスの撮り方、教えます」

清水哲朗（しみず・てつろう）
写真家。1997 年よりモンゴルをフィールドに風景、ネイチャー、スナップ、ドキュメンタリーと多岐に渡り作品を発表し続けている。コロナ禍には活動の原点である「トウキョウカラス」の撮影を 20 年ぶりに復活。同名の写真展図録や最新版写真集もある。
https://tokyokarasu.com/

▶ p14 〜 21　ハシボソガラスのグラビア

宮本桂（みやもと・けい）
おもに三重県で撮影を行い、出版社やストックフォト販売会社に写真を提供して活動中。おもな関心は、鳥の飛翔における形態と運動の関係や、遺伝子による体色の決まりかたなど。それに加え、カラスについては特に巣立ちびなのころからの学習や社会性に注目している。

▶ p26 〜 31「じっくり観察してみよう！ カラスの羽の秘密」/p106 〜 109「カラスの SOS 対応 Q&A」

ピエール☆ヤギ
カラスの魅力にハマり、趣味でカラスの研究をしている。多くの人にカラスの魅力を知ってもらうために、カラス情報ウェブサイト「カラスブログ」を設立した。自身も 2 羽のハシブトガラスを飼育している。

▶ p34 〜 37「世界の“黒いカラス”たち」

松村伸夫（まつむら・のぶお）
野鳥撮影歴 30 年のアマチュアカメラマン。会社勤めながら、野鳥撮影のため 20 か国以上、延べ 90 回以上遠征し、3000 種以上の野鳥を撮影。

▶ p42 〜 45「1 年のくらし」/p46 〜 53「朝から晩までカラス漬け　街のカラスの 1 日をのぞいてみよう」

松原始（まつばら・はじめ）
1969 年奈良県生まれ。京都大学理学部卒業、同大学院理学研究科博士課程修了。京都大学理学博士。専門は動物行動学。東京大学総合研究博物館勤務。研究テーマはカラスの行動と進化。『カラスの教科書』、『カラスの補習授業』（雷鳥社）ほか著書多数。

▶ p62 〜 63「カラス、なぜ鳴くの？」/p90 〜 91「カラスとの共存をめざして」

塚原直樹（つかはら・なおき）
株式会社 CrowLab にて代表取締役を務める傍ら、宇都宮大学特任助教を務める。動物行動学・動物解剖学などを専門とし、主にカラスの音声コミュニケーションに関する研究に従事する。鳴き声を用いたカラスの行動をコントロールする技術を基に、製品やサービスを提供している。主な著書に『カラスをだます』（NHK 出版）。

▶ p64 〜 79「カラスはかしこい！ かしこい？」/p96 〜 99「カラスにまつわる都市伝説」

柴田佳秀（しばた・よしひで）
科学ジャーナリスト。元テレビ番組ディレクターで、NHK の自然番組を多数制作。1996 年にカラスの番組を制作したことをきっかけに研究も開始。現在は執筆活動が主で、『カラスの常識』（子どもの未来社）、『わたしのカラス研究』（さ・え・ら書房）など著書・監修書多数。

▶ p80 〜 85「カラスはいったい、どれくらいかしこいのか」

杉田昭栄（すぎた・しょうえい）
1952 年岩手県雫石町生まれ。宇都宮大学農学部卒業。千葉大学大学院医学研究科博士課程修了。医学博士、農学博士。動物の脳神経について研究。カラスの脳を研究したのが始まりで、カラス研究に熱中。著書に『もっとディープに！カラス学』、『カラス学のすすめ』、監訳書に『道具を使うカラスの物語』がある（すべて緑書房）

▶ p86 〜 89「カラスが不吉な鳥になった理由」

細川博昭（ほそかわ・ひろあき）

作家。科学系ライター。鳥を中心に、歴史と科学の両面から人間と動物の関係をルポルタージュする。『鳥を識る』『鳥を読む』『鳥と人、交わりの文化誌』（春秋社）、『知っているようで知らない鳥の話』（SBクリエイティブ）、『大江戸飼い鳥草紙』（吉川弘文館）などの著作がある。日本鳥学会ほか所属。

▶ p92 〜 95「カラスと人の理想的なつき合い方とは」

中村眞樹子（なかむら・まきこ）

北海道札幌市生まれ。幼少期から生き物が大好きで、バードウォッチングを始めてカラスにはまる。ある日、観察していた巣がなくなったことがきっかけで、研究を始める。NPO法人札幌カラス研究会主宰。著書に『札幌のカラス』シリーズ（北海道新聞社）がある。

▶ p110 〜 115「カラスの羽ペンの作り方」

相澤悦子（あいざわ・えつこ）

「New 草花あそび研究所」所長。かんたんで楽しい草花あそびを日々考えている。オリジナルの草花あそび・草花工作は700種以上。著書に『あたらしい草花あそび』（山と渓谷社）、『野ねずみきょうだいの草花あそび』（福音館書店）など

参考文献

◆『カラスの教科書』松原始 著（雷鳥社）

◆『カラスの自然史−系統から遊び行動まで』樋口広芳・黒沢令子 編著（北海道大学出版会）

◆『カラスの常識』柴田佳秀 著（子どもの未来社）

◆『鳥を読む』細川博昭 著（春秋社）

◆『鳥と人、交わりの文化誌』細川博昭 著（春秋社）

◆『カラスの文化史』カンダス・サビッジ 著／松原始 監修／瀧下哉代 訳（エクスナレッジ）

◆『ニュースなカラス、観察奮闘記』樋口広芳 著（文一総合出版）

◆『BIRDER』2016年9月号「カラス類大百科」、2021年2月号「カラスの知られざる世界」（文一総合出版）

◆『バードリサーチ生態図鑑 ハシボソガラス』高木憲太郎 著、『バードリサーチ生態図鑑 ハシブトガラス』松原始 著（NPO法人バードリサーチ）

編集	BIRDER 編集部（杉野哲也、中村友洋、関口優香、髙野丈）
編集協力	越後真由美、川口かずみ
ブックデザイン	椎名麻美
執筆協力	柴田佳秀、清水哲朗、杉田昭栄、塚原直樹、中村眞樹子、ピエール☆ヤギ、細川博昭、松原始、松村伸夫
写真提供	おおたぐろまり、川辺洪、島崎康広、清水哲朗、柴田佳秀、髙野丈、中村眞樹子、西澤由彦、仁平義明、樋口広芳、宮本桂、PIXTA、熊野本宮大社、飛行神社
イラスト	いいだかずみ
音声提供	塚原直樹、NPO 法人バードリサーチ
取材協力	相澤悦子、池田亨嘉、中原一郎、新宿十二社熊野神社

2023 年 9 月 30 日　初版第 1 刷発行

発行者
斉藤 博

発行所
株式会社　文一総合出版
〒 162–0812 東京都新宿区西五軒町 2–5
TEL：03–3235–7341（営業）、03–3235–7342（編集）
FAX：03–3269–1402
URL：https://www.bun–ichi.co.jp
振替：00120–5–42149

印刷
奥村印刷株式会社

©Bun-ichi So-go Shuppan 2023　ISBN978–4–8299–7246–5　Printed in Japan
NDC488 148×210mm 128P